全国普通高校电子信息与电气学科规划教材

AutoCAD Guidance and Cases Study

计算机辅助设计(AutoCAD)
实用案例教程

陈冠玲 ◎主 编
Chen Guanling

王亚飞 ◎副主编
Wang Yafei

清華大學出版社
北京

内 容 简 介

本书以 AutoCAD 2016 简体中文版为基础,系统地介绍 AutoCAD 的基础知识,并通过精选的应用案例,详细介绍 AutoCAD 软件的具体应用及操作技巧。内容包括:AutoCAD 基本绘图概要、AutoCAD 平面绘图命令、AutoCAD 平面编辑命令、AutoCAD 平面图绘制及案例、AutoCAD 三维绘图基础、AutoCAD 三维图绘制和编辑、AutoCAD 三维图设计应用实践案例等。

本书结构清晰,图文并茂,实例典型,应用性强,是一本以案例为基础的从入门到精通的 AutoCAD 学习教程。本书既可作为高等学校相关专业的教材,也可作为计算机绘图技术研究人员及工程技术人员的参考书。

图书在版编目(CIP)数据

计算机辅助设计(AutoCAD)实用案例教程/陈冠玲主编.—北京:清华大学出版社,2019
(全国普通高校电子信息与电气学科规划教材)
ISBN 978-7-302-51290-5

Ⅰ. ①计… Ⅱ. ①陈… Ⅲ. ①计算机辅助设计—AutoCAD 软件—高等学校—教材 Ⅳ. ①TP391.72

中国版本图书馆 CIP 数据核字(2018)第 218667 号

责任编辑:梁　颖　李　晔
封面设计:傅瑞学
责任校对:李建庄
责任印制:李红英

出版发行:清华大学出版社
　　　　　网　　址:http://www.tup.com.cn,http://www.wqbook.com
　　　　　地　　址:北京清华大学学研大厦 A 座　　　　　　邮　　编:100084
　　　　　社 总 机:010-62770175　　　　　　　　　　　　邮　　购:010-62786544
　　　　　投稿与读者服务:010-62776969,c-service@tup.tsinghua.edu.cn
　　　　　质量反馈:010-62772015,zhiliang@tup.tsinghua.edu.cn
　　　　　课件下载:http://www.tup.com.cn,010-62795954
印 装 者:北京嘉实印刷有限公司
经　　销:全国新华书店
开　　本:185mm×260mm　　印　　张:11　　　　　　字　　数:269 千字
版　　次:2019 年 1 月第 1 版　　　　　　　　　　　印　　次:2019 年 1 月第 1 次印刷
定　　价:69.00 元

产品编号:079563-01

　　计算机辅助设计(computer aided design,CAD)以其所具有的绘图效率高、速度快、精度高、易于修改、便于管理和交流的特点迅速发展。其中,应用广泛的软件 AutoCAD,伴随着整个 PC 基础工业的突飞猛进,正迅速而深刻地影响着人们从事设计和绘图的基本方式。

　　目前,已出版的计算机辅助设计教材种类繁多,内容各具特色。本书的编写强调为专业服务,加强实践性和应用性相关内容,克服以往计算机辅助设计教材中存在的实际案例少、操作应用性不强的问题,提高学习效果和效率。

　　本书编排以"系统化、模块化、实例化"为指导思想,在内容选择上,通过各类应用实例,把计算机辅助设计软件 AutoCAD 的基本知识与实际应用进行有机整合,形成教材的基本框架;精心组织有关内容,加强其针对性、实用性和可读性;使读者形成完整的 CAD 概念,快速掌握设计方法和相关的国家标准,提高使用 AutoCAD 软件进行计算机辅助设计的能力。

　　本书主要特点是:

　　(1) 根据应用型人才培养的特点,从 CAD 应用的实际出发,以案例教学为线索组织教材内容;

　　(2) 在编写思路上,坚持以"能力培养为中心,理论知识为支撑",将各个抽象的知识点融入实际案例中;

　　(3) 理论与实际相结合,编排基于案例的教材内容,精心设计由浅入深的案例,便于读者快速掌握计算机辅助设计的相关知识和技能;

　　(4) 每个案例所包含的知识点能承上启下,使读者可以循序渐进、由浅入深地掌握 CAD 的相关知识,逐步提高 CAD 的综合设计能力。

　　(5) 本书案例丰富翔实,以任务驱动方式组织内容实施教学,从而激发读者的学习兴趣,快速提高学生计算机辅助设计的应用能力。

　　本书共 7 章。第 1 章 AutoCAD 基本绘图概要,介绍并总结归纳了 AutoCAD 的基本知识;第 2~4 章分别介绍了 AutoCAD 平面绘图命令、AutoCAD 平面编辑命令和 AutoCAD 平面图绘制及案例等内容,通过对 AutoCAD 基础知识的有机整合,并选择具有典型意义的相关案例,学习掌握运用 AutoCAD 软件进行二维图设计的技巧。第 5 章和第 6 章分别介绍了 AutoCAD 三维绘图基础、AutoCAD 三维图绘制和编辑等,包括三维几何模型分类、三维坐标系、视图、视口等重要概念。第 7 章 AutoCAD 三维图设计应用实践案例,通过选择应用性强的三维模型案例,详细介绍运用 AutoCAD 软件进行立体模型的设计和建模技巧。

　　本书由陈冠玲负责组织编写,王亚飞编写第 1~3 章和第 7 章,陈冠玲编写其余各章并统稿。王亚飞、刘雁等参与 AutoCAD 图形绘制及校对工作。本书以讲义形式在教学中多次使用,多位本科生协助完成本书部分图形的绘制和校对,在此一并表示感谢。

由于编者水平和时间有限,书中还有很多不足之处,恳请有关专家、读者批评指正,以便改进。

编　者

2018 年 11 月于上海

目　录

第1章　AutoCAD 基本绘图概要

本章概要

　　本章以 AutoCAD 2016 为基础,提纲挈领地介绍计算机辅助设计软件 AutoCAD 的基本概念和基本操作。通过本章的学习,读者可以理解 AutoCAD 运行方式,掌握基本绘图命令、编辑命令以及坐标输入等,为后续章节的学习打下良好基础。

　　AutoCAD 是由美国 Autodesk 公司开发的通用计算机辅助绘图与设计软件包,具有易于掌握、使用方便、体系结构开放等特点,深受广大工程技术人员的欢迎。AutoCAD 自 1982 年问世以来,已经进行了 26 次升级,其功能逐渐强大且日趋完善。如今,AutoCAD 已广泛应用于机械、建筑、电子、航天、造船、石油化工、土木工程、冶金、农业、气象、纺织、轻工业等领域。在中国,AutoCAD 已成为工程设计领域中应用最为广泛的计算机辅助设计软件之一。

　　AutoCAD 软件主要在微机上运行。AutoCAD 2013 及以上版本除在图形处理等方面的功能有所增强外,一个最显著的特征是增加了参数化绘图功能。用户可以对图形对象建立几何约束,以保证图形对象之间有准确的位置关系;可以建立尺寸约束锁定对象,使其大小保持固定,也可以通过修改尺寸值来改变所约束对象的大小。

特别提示

1. AutoCAD 版本及功能比较

　　(1) 动态块。这是 AutoCAD 2006 新增的功能。动态块具有灵活性和智能性,可以提高绘图效率,用户在操作时可以轻松地更改图形中的动态块参照。

　　(2) 注释性功能。这是 AutoCAD 2008 新增的功能。注释性功能使得一切与比例有关的问题变得极为容易处理,如文字、标注、注释性块等。

　　(3) 参数化功能。这是 AutoCAD 2010 新增的功能。通过对对象添加约束、尺寸驱动,可以在 AutoCAD 中进行更接近“设计”理念的操作。

　　(4) 增强的表格功能、多行文字编辑功能。最近几个版本都有新的变化,AutoCAD 2010 的表格中增加了很多类似于 Excel 的功能。

　　(5) 输出成 PDF 文件。这是 AutoCAD 2010 新增的功能。AutoCAD 可以直接输出 PDF 文件,并可保留图层等信息。

　　(6) 增强的布局功能。AutoCAD 2010 以上版中布局中的视口可直接任意旋转,便于视图布置。

2. AutoCAD 软件安装及学习建议

　　(1) 操作系统 Windows 7 及以上,建议安装 AutoCAD 2010 及以上版本。

　　(2) 操作系统是 64 位的,建议安装 64 位 AutoCAD 2010 及以上版本。

（3）配制高的计算机建议安装 AutoCAD 2010 以上版本，配制低的建议安装 AutoCAD 2004～AutoCAD 2008 版本。

（4）尽管 AutoCAD 版本不断升级，但基于人机对话的核心操作方式没有根本改变。高版本 AutoCAD 软件功能强大，但操作界面复杂、所占用的计算机内存资源多、启动文件速度慢。建议初学者，特别是以画二维平面图和电气图为主的初学者可以从 AutoCAD 2004～AutoCAD 2008 版本开始学起。掌握核心操作后，将有助于对 AutoCAD 高版本软件的学习和使用。

1.1 AutoCAD 操作界面

AutoCAD 2016 的操作界面可以在"草图与注释""三维基础"和"三维建模"等 3 种工作空间中进行切换，工作空间的选择如图 1.1 所示。

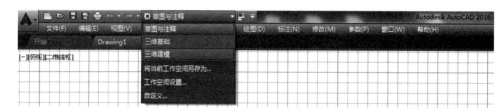

图 1.1 AutoCAD 2016 的工作空间示意图

较低版本的 AutoCAD 操作界面可以在"草图与注释""三维基础""三维建模"和"AutoCAD 经典"4 种工作空间模式间进行切换，对于习惯于 AutoCAD 传统界面的用户来说，可以采用"AutoCAD 经典"工作空间。较低版本 AutoCAD 工作空间的选择如图 1.2 所示。

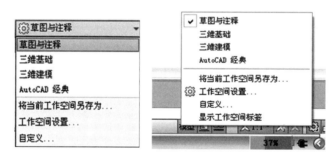

图 1.2 较低版本 AutoCAD 工作空间示意图

绘制二维图时，AutoCAD 软件中工作空间选择"草图与注释"或"AutoCAD 经典"，操作界面示意如图 1.3 和图 1.4 所示。

 特别提示

（1）"AutoCAD 经典"工作空间与低版本 AutoCAD 软件的界面很相似。

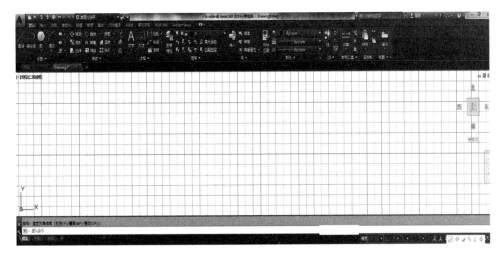

图1.3 AutoCAD 2016 操作界面(草图与注释)

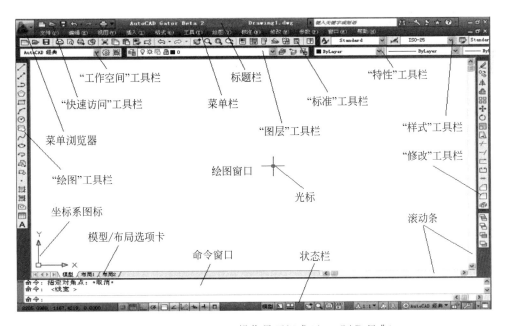

图1.4 AutoCAD 2013 操作界面组成(AutoCAD 经典)

(2) 对高版本的 AutoCAD 软件"草图与注释"界面进行设置,也可生成与低版本 AutoCAD 软件很相似的界面。

1. 标题栏

AutoCAD 的标题栏与其他 Windows 应用程序类似,用于显示 AutoCAD 的程序图标以及当前所操作图形文件的名称。

2. 菜单栏

菜单栏是主菜单,可利用其执行 AutoCAD 的大部分命令,如图1.5所示。

单击菜单栏中的某一项,会弹出相应的下拉菜单。例如,"格式"和"视图"下拉菜单如图1.6和图1.7所示。

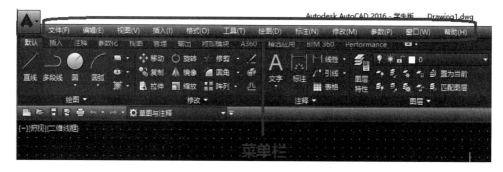

图 1.5　AutoCAD 的菜单栏示意图

图 1.6　"格式"下拉菜单

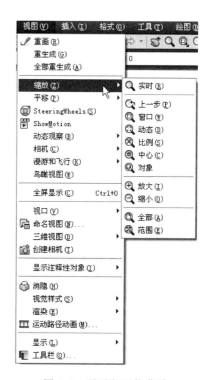

图 1.7　"视图"下拉菜单

下拉菜单中,右侧有小三角的菜单项,表示它还有子菜单,图 1.7 显示出了"缩放"子菜单。右侧有三个小点的菜单项,表示单击该菜单项后要显示出一个对话框;右侧没有内容的菜单项,单击后会执行对应的 AutoCAD 命令。

3. 工具栏

AutoCAD 提供了 40 多个工具栏,每一个工具栏上均有一些形象化的按钮。单击某一按钮,可以启动 AutoCAD 的对应命令。

用户可以根据需要打开或关闭任一个工具栏,方法如下:

(1)在已有工具栏上右击,AutoCAD 弹出工具栏快捷菜单,通过其可实现工具栏的打开与关闭;

(2)通过选择下拉菜单"工具"→"工具栏"|AutoCAD 中对应的子菜单命令,也可以打

开或关闭 AutoCAD 的各工具栏。对于初学者,先选中"修改"和"绘图"这两个工具栏,可以在操作界面上显示,如图 1.8 所示。

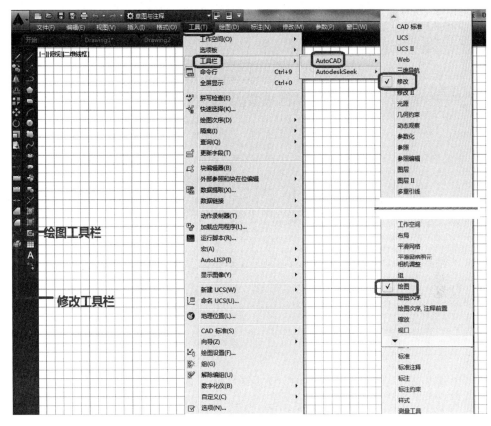

图 1.8 工具栏选项示意图

4. 绘图窗口

绘图窗口就是用户的工作区域,所绘的任何实体都出现在这里。在绘图窗口中移动鼠标,可以看到十字光标随之移动,这是用来进行绘图定位的。

5. 光标

当光标位于 AutoCAD 的绘图窗口时为十字形状,所以又称其为十字光标。十字线的交点为光标的当前位置,如图 1.9 所示。AutoCAD 的光标用于绘图、选择对象等操作。

6. 坐标系图标

坐标系图标通常位于绘图窗口的左下角,表示当前绘图所使用的坐标系的形式以及坐标方向等。AutoCAD 提供世界坐标系(world coordinate system,WCS)和用户坐标系(user coordinate system,UCS)两种坐标系。世界坐标系为默认坐标系。

7. 命令窗口

在绘图窗口下方的命令窗口是用户与 AutoCAD 对话的窗口,用户输入的命令和 AutoCAD 的应答都显示在这里,用户应随时注意命令窗口的提示信息。默认时,AutoCAD 在命令窗口保留最后三行所执行的命令或提示信息,前两行显示以前的命令执行过程记录;

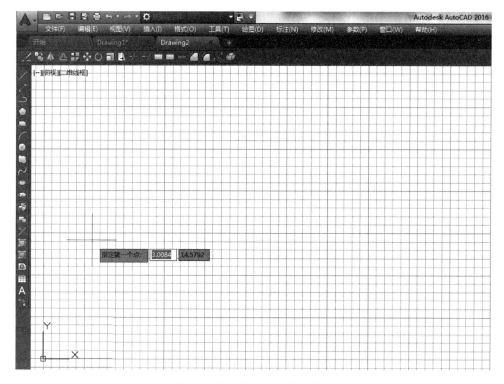

图 1.9　绘图窗口及光标示意图

最下面一行显示当前信息,没有输入命令时,这里显示"命令:",表示 AutoCAD 正在等待用户输入命令,此时,可选择用键盘输入命令并按 Enter 键执行,也可以单击菜单选项或工具栏按钮来执行命令。可以通过拖动窗口边框的方式改变命令窗口的大小,使其显示多于 3 行或少于 3 行的信息,如图 1.10 所示。

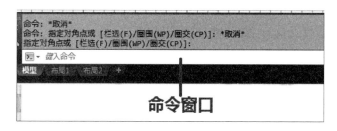

图 1.10　命令窗口示意图

8. 模型/布局选项卡

模型/布局选项卡用于实现模型空间与图纸空间的切换。通过单击对应选项卡,可实现模型空间和图纸空间各布局之间的切换。

模型空间是用于完成绘图和设计工作的工作空间,用户通过在模型空间建立模型来表达二维或三维形体的造型,图形的绘制和编辑功能都是在模型空间完成的,设计者一般在模型空间完成其主要的设计构思。

图纸空间是用来将几何模型表达到工程图上用的,专门用来进行出图。在图纸空间中可以创建并放置视口对象,还可以添加标题栏或其他几何图形。可以在图形中创建多个布局以显示不同视图,每个布局可以包含不同的打印比例和图纸尺寸。

模型/布局选项卡位于 AutoCAD 界面的下部,如图 1.11 所示。

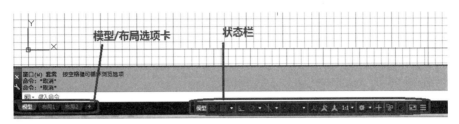

图 1.11　模型/布局选项卡示意图

 特别说明

(1)默认情况下,绘图开始于称为"模型空间"的无限三维绘图区域。首先要确定一个单位是表示一毫米(mm)、一英寸(in),还是表示某个最方便的单位。然后,以 1∶1 的比例绘制。

(2)对图形进行打印时,切换到图纸空间。在这里可以设置带有标题栏和注释的不同布局;在每个布局上,可以创建显示模型空间的不同视图的布局视口。

(3)在布局视口中,可以相对于图纸空间缩放模型空间视图。图纸空间中的一个单位表示一张图纸上的实际距离,以毫米或英寸为单位,具体取决于在页面设置中如何配置。

(4)模型空间可以从"模型"选项卡访问,图纸空间可以从"布局"选项卡访问,如图 1.12 所示。

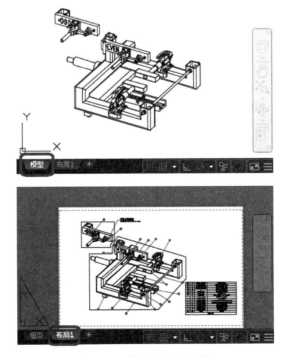

图 1.12　模型/布局选项卡

9．滚动条

利用水平和垂直滚动条,可以使图纸沿水平或垂直方向移动,即平移绘图窗口中显示的内容。

10．状态行及状态栏自定义选择

状态行位于 AutoCAD 操作界面底部,如图 1.13 所示。

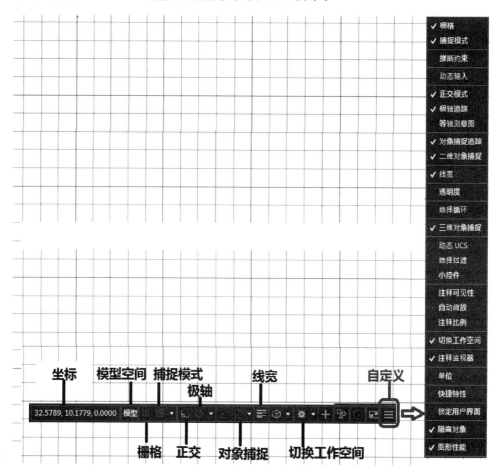

图 1.13　状态行及状态栏自定义选择示意图

状态行的前半部分显示有关绘图的简短信息,在一般情况下跟踪显示当前光标所在位置的坐标。当光标指向某个菜单选项或工具按钮时,则会显示相应的命令说明和命令名称。

状态行的后半部分是绘图状态控制按钮。单击切换按钮,可在这些系统设置的"开"和"关"状态之间切换,凹陷状态为"开",凸起状态为"关"。

几个常用的绘图状态控制按钮功能如下。

1）捕捉按钮

打开捕捉按钮,使得光标在坐标为最小步距(栅格间距)整倍数的点间跳动,捕捉方式能够保证所绘实体的间距。

2）栅格按钮

打开栅格按钮,绘图区显示出标定位置的栅格点,以便于用户定位对象。栅格间距可通过"草图设置"对话框进行设置。

3）正交方式按钮

打开正交方式按钮,在用光标取点时,将会限制光标在水平和垂直方向移动,从而保证在这两个方向执行画线或编辑操作。

4）极轴追踪模式按钮

打开极轴追踪模式按钮,当绘图和编辑对象时,极轴追踪功能允许光标旋转特定角度。当在绘图和编辑命令中已经输入一点时,借助极轴追踪可以用光标直接拾取与上一点呈一定距离和一定角度的点,如同用键盘输入相对极坐标一样。

默认状态下,旋转角度是90°的整数倍数。也可以将角度增量定义为其他值:把鼠标移到"极轴"按钮处右击,选择"设置"命令,打开"草图设置"对话框,在"极轴追踪"选项卡中指定旋转角度。

5）对象捕捉按钮

打开对象捕捉按钮,根据设置的捕捉方式,每当命令提示输入点时,直接移动光标接近相应实体,自动捕捉所绘对象上特定点。

6）对象追踪方式按钮

打开对象追踪方式按钮,提供显示图纸中捕捉点的追踪向量。使用对象追踪功能必须同时打开对象捕捉状态,可以同时从两个对象捕捉点引出极轴追踪辅助虚线,找到它们的交点。

1.2 AutoCAD 命令执行方法

AutoCAD 的整个绘图与编辑过程都是通过一系列的命令来完成的,这些命令种类繁多、功能复杂,其参数各不相同。当启动 AutoCAD 成功后即可进入绘图界面,此时在屏幕底部命令行将见到"命令:"提示,即表示 AutoCAD 已经处于接受命令的状态。另外,系统在执行命令的过程中需要用户以交互方式输入必要的信息,如输入数据、选择实体或选择执行方式等。

AutoCAD 的命令输入,可以通过鼠标、键盘或数字化仪等设备。命令输入方式有以下7 种选择。

1. 在命令行窗口,通过键盘输入命令

"命令:"提示符后输入命令的全称或简称(命令别名),然后按 Enter 键。

【例 1.1】 画直线。

```
命令: l(Enter)
LINE 指定第一点:
指定下一点或 [放弃(U)]:
指定下一点或 [闭合(C)/放弃(U)]:
```

2. 通过菜单执行命令

例如,画直线,在菜单选择"绘图"|"直线"命令,如图 1.14 所示。

3. 通过工具栏执行命令

例如,使用"绘图"工具栏,如图 1.15 所示。

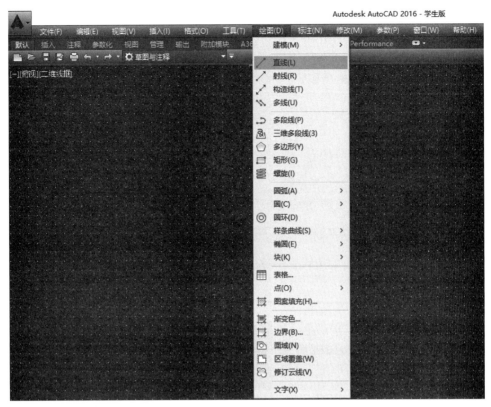

图 1.14　通过菜单执行命令示意图

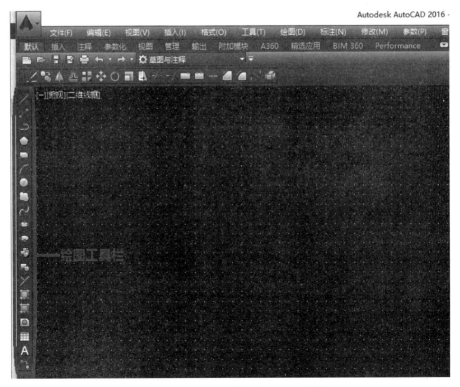

图 1.15　通过工具栏执行命令示意图

4．执行重复命令

在绘制图形时,经常需要使用重复命令。按"Enter"键或空格键,或者鼠标右击,在弹出的快捷菜单中选择。

5．终止 AutoCAD 命令

方法一：在命令的执行过程中,用户可以通过按"Esc"键。

方法二：右击鼠标,从弹出的快捷菜单中选择"取消"命令。

6．透明命令

AutoCAD 的透明命令是指可以在不中断某一命令执行的情况下插入执行另外一条命令,并可在执行完该透明命令后继续执行原命令。

7．使用系统变量

在 AutoCAD 中,系统变量用于控制某些功能和设计环境,控制命令的工作方式。它可以打开或关闭捕捉、栅格或正交等绘图模式,设置默认的填充图案,存储当前图形,或保存 AutoCAD 配置的有关信息。

系统变量通常是 6～10 个字符长的缩写名称。许多系统变量有简单的开关设置,例如,GRIDMODE 用来显示或关闭栅格,当在命令行的"输入 GRIDMODE 的新值<1>:"提示下输入 0 时,可以关闭栅格显示;输入 1 时,可以打开栅格显示。有些系统变量则用来存储数值或文字,例如,DATE 用来存储当前日期。

1.3　坐标输入方法

绘图时,经常要通过坐标系确定点的位置。在 AutoCAD 中,坐标系分为世界坐标系(WCS)和用户坐标系(UCS)。AutoCAD 采用笛卡儿坐标系(直角坐标系)和极坐标系两种来确定坐标,如图 1.16 所示。

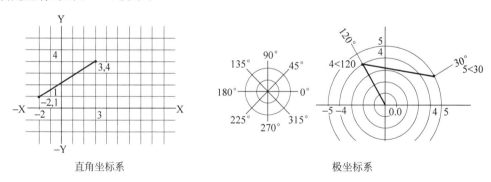

直角坐标系　　　　　　　　　　　　　　极坐标系

图 1.16　直角坐标系和极坐标系示意图

使用 AutoCAD 绘制图形时,通常需要输入准确的坐标点。输入坐标是确定图形对象位置的重要方法,在 AutoCAD 中,根据所给条件不同,用户可以使用绝对直角坐标、绝对极坐标、相对直角坐标和相对极坐标 4 种方法表示。在确定好自己的坐标系以后,一般可以采用以下方法确定点的位置：

（1）用鼠标在屏幕上取点；

（2）用对象捕捉方式捕捉一些特征点，如圆心，线段的端点、切点和中点等；

（3）通过键盘输入点的坐标。

1.3.1　绝对坐标的输入方式

利用键盘输入点的坐标时，用户可以根据绘图需要选择用"绝对坐标"或"相对坐标"的方式输入，而且每一种坐标方式又可分为直角坐标、极坐标、球面坐标和柱坐标。

绝对坐标是指点相对于当前坐标系原点的坐标，有如下几种绝对坐标。

1．直角坐标

直角坐标用点的 X 轴、Y 轴、Z 轴坐标值来表示，坐标值之间用逗号分开。如在输入坐标点的提示下输入"40,24,34"，则表示输入一个点，其 X 轴、Y 轴、Z 轴的坐标值分别为 40、24、34。

注意：绘二维图形时，点的 Z 轴坐标值为 0，故不需要再输入该坐标值。

2．极坐标

极坐标用来表示二维点，其表示方法为：距离＜角度，表示"坐标离开原点的距离及与 X 轴的夹角"。在默认情况下，角度按顺时针方向增大而逆时针方向减小。例如，要指定相对于坐标原点距离为 10，角度为 44°的点，则输入"10＜44"。

3．球面坐标

球面坐标用于确定三维空间的点，是极坐标的推广。它用 3 个参数表示一个点：点与坐标系原点的距离 L；坐标系原点与空间点的连线在 XY 面上的投影与 X 轴正方向的夹角 α（简称在 XY 面内与 X 轴的夹角）；坐标系原点与空间点的连线同 XY 面的夹角 β（简称与 XY 面的夹角）。各参数之间用符号"＜"隔开，即"$L＜\alpha＜\beta$"。例如，150＜45＜35 表示一个点的球坐标，各参数的含义如图 1.17 所示。

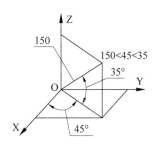

图 1.17　球坐标示意图

4．柱坐标

柱坐标也是通过 3 个参数描述一点：该点在 XY 面上的投影与当前坐标系原点的距离 ρ；坐标系原点与该点的连线在 XY 面上的投影同 X 轴正方向的夹角 α；该点的 Z 轴坐标值 z。距离与角度之间要用符号"＜"隔开，而角度与 Z 轴坐标值之间要用逗号隔开，即"$\rho＜\alpha,z$"。例如，100＜45,85 表示一个点的柱坐标，各参数的含义如图 1.18 所示。

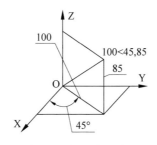

图 1.18　柱坐标示意图

1.3.2　相对坐标的输入方式

相对坐标是指相对于前一个坐标点的坐标,相对坐标也有直角坐标、极坐标、球面坐标和柱坐标等多种形式,其输入格式与绝对坐标类似,但须在坐标前加上"@"符号。例如,"@40,44"表示相对于前一点的 X、Y 值分别为 40 和 44 的直角坐标点。

直角坐标和极坐标示例如图 1.19 和图 1.20 所示。

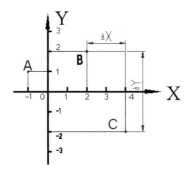

图 1.19　直角坐标系

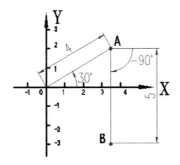

图 1.20　极坐标系

在图 1.19 所示的直角坐标系中,绝对坐标和相对坐标如下:

- 绝对坐标　A 点的绝对坐标为(-1,1);
- 相对坐标　C 点相对于 B 点的相对坐标(@2,-4)。

在图 1.20 的极坐标系中:

- 绝对极坐标　A 点基准为 WCS 原点的绝对极坐标(4<30);
- 相对极坐标　B 点相对于 A 点的相对极坐标为(@5<-90)。

1.3.3 动态输入方式

单击状态栏上的 ⊞ 按钮,会启动动态输入功能。AutoCAD 一方面在命令窗口提示"指定第一点:",同时在光标附近显示出一个提示框(称为"工具栏提示"),显示出对应的 AutoCAD 提示"指定第一点:"和光标的当前坐标值,如图 1.21 所示。

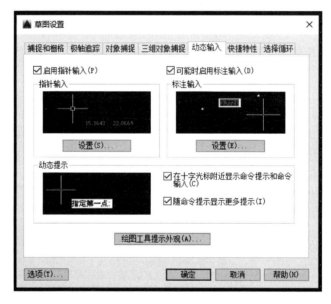

图 1.21 动态输入示意

此时移动光标,工具栏提示也会随着光标移动,显示出的坐标值会动态变化,以反映光标的当前坐标值。在图 1.22 所示状态下,用户可以在工具栏提示中输入点的坐标值,而不必切换到命令行进行输入。

在输入字段中输入第一个坐标值并按 Tab 键后,该字段将显示一个锁定图标,并且光标会受用户输入的值约束;随后可以在第二个输入字段中输入值。另外,如果用户输入值后按 Enter 键,则第二个输入字段将被忽略,且该值将被视为直接距离输入。

如果在状态栏单击右键,AutoCAD 弹出"草图设置"对话框,如图 1.22 所示。用户可通过该对话框进行对应的设置。

图 1.22 在"草图设置"对话框中动态输入设置示意

从动态输入方式切换到命令行的方式:在命令窗口中,将光标放到"命令:"提示的后面单击鼠标。

1.4 AutoCAD 基本绘图命令

在图纸上看起来很复杂的图形,一般都是由几种基本的图形对象(或称为图元)组成,如直线、圆、圆弧、矩形和多边形等。绘制这些图形对象,都有相应的绘图命令。所以,掌握使用 AutoCAD 进行绘图的技术,就是要能够熟练使用这些绘图命令。绘图菜单和绘图工具栏命令如图 1.23 和图 1.24 所示。

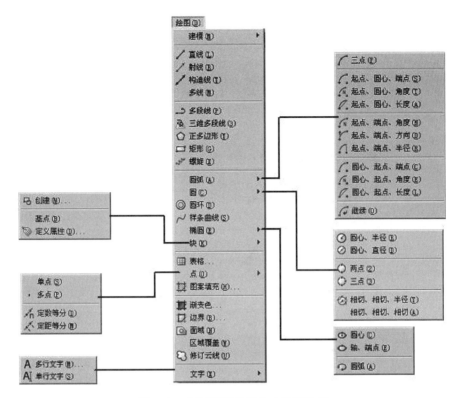

图 1.23 "绘图"下拉菜单中的菜单项

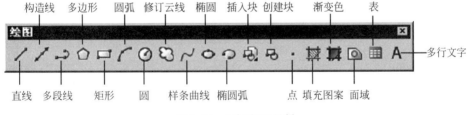

图 1.24 "绘图"工具栏

AutoCAD 的基本绘图命令如表 1.1 所示。

表 1.1 AutoCAD 基本绘图命令一览表

名　　称	操 作 方 法	功 能 说 明
POINT(点)	绘图工具栏：· 下拉菜单："绘图"→"点"→"单点/多点" 命令窗口：POINT(PO)	该命令用于绘制各类点
LINE(直线)	绘图工具栏： 下拉菜单："绘图"→"直线" 命令窗口：LINE(L)	该命令用于绘制直线或连续的折线
RAY(射线)	下拉菜单："绘图"→"射线" 命令窗口：RAY	该命令用于绘制一端无限延伸的射线

名　称	操作方法	功能说明
XLINE(构造线)	绘图工具栏： 下拉菜单："绘图"→"构造线" 命令窗口：XLINE(XL)	该命令用于绘制两端无限延伸的直线
RECTANG(矩形)	绘图工具栏：□ 下拉菜单："绘图"→"矩形" 命令窗口：RECTANG(REC)	该命令用于绘制矩形,通过指定对角点来绘制矩形
POLYGON(正多边形)	绘图工具栏：◇ 下拉菜单："绘图"→"正多边形" 命令窗口：POLYGON(POL)	该命令用于绘制正多边形
CIRCLE(圆)	绘图工具栏：⊘ 下拉菜单："绘图"→"圆" 命令窗口：CIRCLE(C)	该命令用于绘制圆
ARC(圆弧)	绘图工具栏： 下拉菜单："绘图"→"圆弧" 命令窗口：ARC(A)	该命令用于绘制圆弧
ELLIPSE(椭圆)	绘图工具栏：⬯ 下拉菜单："绘图"→"椭圆" 命令窗口：ELLIPSE(EL)	该命令用于绘制椭圆
SPLINE(样条曲线)	绘图工具栏：～ 下拉菜单："绘图"→"样条曲线" 命令窗口：SPLINE(SPL)	该命令用于绘制样条曲线
TRACE(宽线)	命令窗口：TRACE	该命令用于绘制具有一定宽度的宽线,操作类似于直线命令
SOLID(实心区域)	命令窗口：SOLID(SO)	该命令用于绘制任意实心多边形区域
DONUT(实心圆圆环)	下拉菜单："绘图"→"圆环" 命令窗口：DONUT	该命令用于绘制任意实心圆或圆环
PLINE(多段线)	绘图工具栏： 下拉菜单："绘图"→"多段线" 命令窗口：PLINE(PL)	多段线是指相连的多段直线或弧线组成的一个复合实体,其中每一段线可以是细线、粗线或者变粗线,因此多段线能够画出许多其他命令难以表达的图形
BOUNDARY(边界线)	下拉菜单："绘图"→"边界" 命令窗口：BOUNDARY(BO)	通过在一个封闭区域内取一点,自动画出围绕这个封闭区域的轮廓线。封闭区域可以由直线、曲线、圆、多边形等线性实体组合而成
MLINE(多线)	绘图工具栏： 下拉菜单："绘图"→"多线" 命令窗口：MLINE(ML)	该命令用于绘制一组平行线,在默认状态下,可以画出双线

1.5 AutoCAD 基本编辑命令

平面图形的编辑主要是指对图形进行修改、移动、复制以及删除等操作。AutoCAD 提供了丰富的图形编辑功能。修改菜单与工具栏如图 1.25 和图 1.26 所示。

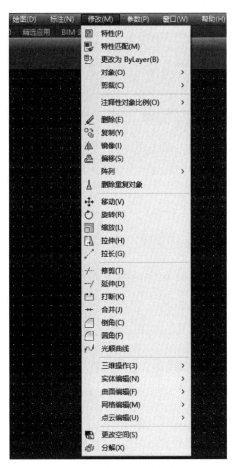

图 1.25 "修改"菜单示意图

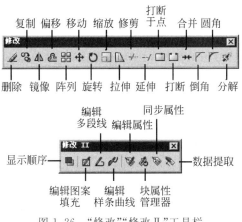

图 1.26 "修改""修改 II"工具栏

17

AutoCAD 的基本编辑命令如表 1.2 所示。

表 1.2　AutoCAD 基本的编辑命令一览表

名　称	命　令	命　令　说　明
偏移	修改工具栏： 下拉菜单："修改"→"偏移" 命令窗口：OFFSET(O)	该命令用于偏移复制线性实体,得到原有实体的平行实体
复制	修改工具栏： 下拉菜单："修改"→"复制" 命令窗口：COPY(CO,CP)	该命令用于复制已有的实体,当图上存在多个相同实体时,可以只画一个再多重复制
镜像	修改工具栏： 下拉菜单："修改"→"镜像" 命令窗口：MIRROR(MI)	该命令用于复制原有的实体,当绘制对称图形时,可以只绘制一半再作镜像
阵列	修改工具栏： 下拉菜单："修改"→"阵列" 命令窗口：ARRAY(AR)	该命令用于把一个图形复制成为矩形排列或环形排列的一片图形
移动	修改工具栏： 下拉菜单："修改"→"移动" 命令窗口：MOVE(M)	该命令用于改变实体在图上的位置
旋转	修改工具栏： 下拉菜单："修改"→"旋转" 命令窗口：ROTATE(RO)	该命令用于旋转已有实体
延伸	修改工具栏： 下拉菜单："修改"→"延伸" 命令窗口：EXTEND(EX)	该命令可以将线性实体按其方向延长到指定边界
改变长度	修改工具栏： 下拉菜单："修改"→"拉长" 命令窗口：LENGTHEN(LEN)	该命令用于改变直线或曲线的长度
拉伸	修改工具栏： 下拉菜单："修改"→"延伸" 命令窗口：EXTEND(EX)	该命令用于对实体进行拉伸、压缩或移动
打断	修改工具栏： 下拉菜单："修改"→"打断" 命令窗口：BREAK(BR)	该命令可以将一个线性实体断开成为两个
修剪	修改工具栏： 下拉菜单："修改"→"修剪" 命令窗口：TRIM(TR)	该命令可以将线性实体按指定边界剪掉多余的部分
比例缩放	修改工具栏： 下拉菜单："修改"→"比例" 命令窗口：SCALE(SC)	该命令用于按比例缩放实体的几何尺寸

名　称	命　令	命　令　说　明
圆角	修改工具栏：▢ 下拉菜单："修改"→"圆角" 命令窗口：FILLET(F)	该命令可以把两个线性实体用圆弧平滑连接
倒角	修改工具栏：▢ 下拉菜单："修改"→"倒角" 命令窗口：CHAMFER(CHA)	该命令可以把两个不平行的线性实体用切角相连
删除	修改工具栏：✎ 下拉菜单："修改"→"删除" 命令窗口：ERASE(E)	该命令用于删除不必要的实体,如绘制错误的实体或不再需要的辅助线
恢复	命令窗口：OOPS	该命令用于恢复最近一次删除的实体
放弃	标准工具栏：↶ 下拉菜单："编辑"→"放弃" 命令窗口：UNDO(U)	该命令可以取消上一个命令,返回命令执行之前的状态,并会显示被取消的命令名称,对于改正错误操作非常有用
重做	标准工具栏：↷ 下拉菜单："编辑"→"重做" 命令窗口：REDO	该命令可以恢复用 U 或 UNDO 命令取消的操作 重做命令只能恢复一次,而且必须在 U 或 UNDO 命令之后马上接着执行
夹点编辑	AutoCAD 还提供了一种自动快速编辑功能,用户无须发出任何命令,直接选择实体,就会看到实体上出现蓝色小方框,标识出实体的特征点(比如直线的端点和中点,多段线的端点和折点),称为夹点。单击某个夹点,就可以自动启动五种基本编辑命令。夹点编辑包括伸展(STRETCH)、移动(MOVE)、旋转(ROTATE)、比例缩放(SCALE)和镜像(MIRROR)	

1.6　使用图块

在制图过程中,经常需要使用相同的图形,如果每次总是从头画起,势必花费很多时间和精力,为此 AutoCAD 引入了图块的概念。

图块是一组图形对象的集合,图块中的各图形对象均有各自的图层、颜色、线型等属性,但 AutoCAD 把图块看作一个单独的、完整的对象来操作,可以把它随时插入到当前图形中的指定位置,并可以指定不同的比例缩放系数和旋转角度。通过拾取图块中的任何一个对象,就可以对整个图块进行移动、复制、旋转、删除等操作。这些操作与图块的内部结构无关。

1.6.1　图块的特点

在 AutoCAD 中,图块的使用主要有以下几个特点。

1. 有利于建立图块库

在绘图过程中遇到重复出现或经常使用的图形(如电气图中的接触器、继电器等),可以把它们定义成块,建立图块库。需要时将其插入,既避免了大量的重复工作,提高了绘图效率,又做到了资源共享。

2．有利于节省存储空间

在绘图过程中,如果用复制命令(COPY)将一组对象复制 10 次,则图形文件的数据库中就要保存 10 组同样的数据。如果该组对象被定义为图块的话,则无论插入多少次,也只保存图块名、插入点坐标、缩放比例系数及旋转角度等,不再保存图块中的每个对象的特征参数(如图层、颜色、线型、线宽等),这样就大大节省了存储空间,这一优势在绘制复杂图形中特别突出。

3．有利于图形的修改和重新定义

图块可以分解为一个个独立的对象,可对它们进行修改和重新定义,而所有图形中引用这个块的地方都会自动更新,简化了图形的修改。

1.6.2　定义图块

要定义图块,首先应绘制须定义图块的图形,然后调用创建图块的命令,将图形保存为一个字符名称(块名)。

AutoCAD 提供了两种方式来创建新图块,一种是用对话框创建新图块,另一种是用命令行创建新图块。在创建图块的过程中,对需要定义的图块进行设置,要定义图块的名称、选择基点、选择要作为图块的实体对象等。

1．定义内部图块

> **命令方式**
>
> 绘图工具栏：
> 下拉菜单："绘图"→"块"→"创建"命令
> 命令窗口：BLOCK(B)

该命令所定义的图块,只能在图块所在的当前图形文件中被使用,不能被其他图形文件使用。

2．定义外部图块

> **命令方式**
>
> 命令窗口：WBLOCK(W)

该命令执行后,系统将弹出"写块"对话框,完成有关设置后可将图块单独以图形文件的形式存盘。这样创建的图块可被其他文件引用和插入。

1.6.3　插入图块

1．插入单个图块

> **命令方式**
>
> 绘图工具栏：
> 下拉菜单："插入"→"块"命令
> 命令窗口：INSERT/DDINSERT

执行该命令后,将弹出一个对话框,选择要插入的图块名称和插入点后,图块即插入到图形中。

2. 插入阵列图块

MINSERT 命令相当于将阵列与插入命令相结合,用以将图块以矩形阵列的方式插入。

3. 等分插入图块

> **命令方式**
>
> 下拉菜单:"绘图"→"点"→"定数等分"命令
>
> 命令窗口:DIVIDE

DIVIDE 命令并不仅用于插入图块,它的意义是在指定图形上测出等分点,并以等分点为基点插入点或图块。

4. 等距插入图块

> **命令方式**
>
> 下拉菜单:"绘图"→"点"→"定距等分"命令
>
> 命令窗口:MEASURE(ME)

MEASURE 命令的应用与 DIVIDE 命令相似,不同的是 DIVIDE 命令是以给定的等分数量来插入块,而 MEASURE 命令是指按指定的间距来插入点或图块,直到余下部分不足一个间距为止。

1.7 绘 图 设 置

1. 设置图形界限

设置图形界限类似于手工绘图时选择绘图图纸的大小,但具有更大的灵活性。

> **命令方式**
>
> 下拉菜单:"格式"→"图形界限"命令
>
> 命令窗口:LIMITS

执行 LIMITS 命令,AutoCAD 提示:

指定左下角点或 [开(ON)/关(OFF)] < 0.0000,0.0000 >:(指定图形界限的左下角位置,直接按 Enter 键或 Space 键采用默认值)

指定右上角点:(指定图形界限的右上角位置)

2. 作图单位

> **命令方式**
>
> 下拉菜单:"格式"→"单位"命令
>
> 命令窗口:UNITS/DDUNITS(UN)

UNITS/DDUNITS 命令用于设置长度与角度的单位格式及精度。

3．作图工具设置

> **命令方式**
>
> 下拉菜单："工具"→"草图设置"命令
> 命令窗口：DSETTINGS(DS、RM、SE)

AutoCAD 提供了一组特别的作图工具，用于作图时用光标精确取点。执行 DSETTINGS 命令后，出现"草图设置"对话框，其中包含的 3 个选项卡，分别用来设置捕捉和栅格、极轴追踪和对象捕捉。

用"工具"下拉菜单命令进行作图工具设置，如图 1.27 所示。

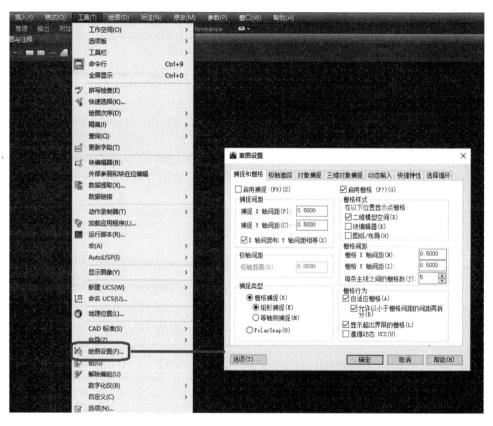

图 1.27　用"工具"下拉菜单命令进行作图工具设置示意图

4．颜色

> **命令方式**
>
> 下拉菜单："格式"→"颜色"命令
> 命令窗口：COLOR(COL)

AutoCAD 允许为不同的实体分配不同的颜色，以便作图时直观观察。将来在打印出图时,还可根据需要选择打印成彩色或是黑白。为此,需要设置当前作图所用的颜色。

5. 设置线型

> **命令方式**
>
> 下拉菜单:"格式"→"线型"命令
> 命令窗口:LINETYPE(LT)

在实际的设计工作中,常常要用不同的线型来表示不同的构件。除了固有的连续实线以外,AutoCAD还提供了多达44种特殊线型。

如果想要增加新的线型,在执行LINETYPE命令后,出现"线型管理器"对话框,选择并加载需要的线型即可。

6. 设置线宽

> **命令方式**
>
> 下拉菜单:"格式"→"线宽"命令
> 命令窗口:LWEIGHT(LW)

执行该命令后,弹出"线宽设置"对话框,可设置线宽。

7. 设置创建图层

> **命令方式**
>
> 对象特性工具栏:
> 下拉菜单:"格式"→"图层"命令
> 命令窗口:LAYER(LA)

图层具有以下特点:

(1)用户可以在一幅图中指定任意数量的图层。系统对图层数没有限制,对每一图层上的对象数也没有任何限制。

(2)每一图层有一个名称,加以区别。当开始绘一幅新图时,AutoCAD自动创建名为0的图层,这是AutoCAD的默认图层,其余图层需用户来定义。

(3)一般情况下,位于一个图层上的对象应该是同一种绘图线型、同一种绘图颜色。用户可以改变各图层的线型、颜色等特性。

(4)虽然AutoCAD允许用户建立多个图层,但只能在当前图层上绘图。

(5)各图层具有相同的坐标系和相同的显示缩放倍数。用户可以对位于不同图层上的对象同时进行编辑操作。

(6)用户可以对各图层进行打开、关闭、冻结、解冻、锁定与解锁等操作,以决定各图层的可见性与可操作性。

AutoCAD允许把图形内容分门别类画在不同的图层上,借助图层管理功能,可以实现图形实体的分类存放与分别控制。

1.8 文 本 标 注

1. 定义字型

> **命令方式**
>
> 下拉菜单："格式"→"文字样式"命令
> 命令窗口：STYLE/DDSTYLE(ST)

AutoCAD 提供了一种现成的 Standard（标准）字型，可供用户直接标注西文字符。但是我国的设计人员往往需要标注中文说明，因此在正式标注文字前，先要定义好相应的中文字型。

2. 单行文字

> **命令方式**
>
> 下拉菜单："绘图"→"文字"→"单行文字"命令
> 命令窗口：DTEXT/TEXT(DT)

单行文字命令适合于在图上标注少量文字，方便而快捷。

3. 注写多行文字

> **命令方式**
>
> 绘图工具栏： **A**
> 下拉菜单："绘图"→"文字"→"多行文字"命令
> 命令窗口：MTEXT(T、MT)

多行文字命令适合于在图上标注大段的文字，功能强大而全面。

1.9 尺 寸 标 注

1. 尺寸标注样式

> **命令方式**
>
> 标注工具栏：
> 下拉菜单："标注"→"样式…"命令
> 命令窗口：DDIM

不同的工程专业对标注形式有不同的要求，因此对图形进行标注前应首先根据专业要求对标注形式进行设置，包括格式、文字、单位、比例因子、精度等的设置。

2. 长度尺寸标注

> **命令方式**
>
> 标注工具栏：⊢⊣
>
> 下拉菜单："标注"→"线性"命令
>
> 命令窗口：DIMLINEAR(DIMLIN)

长度类尺寸标注包括水平尺寸标注、垂直尺寸标注和旋转尺寸标注，这三种尺寸标注的方法大致相同。

3. 平齐尺寸标注

> **命令方式**
>
> 标注工具栏：✕
>
> 下拉菜单："标注"→"对齐"命令
>
> 命令窗口：DIMALIGNED

线性型尺寸标注实际的标注长度是尺寸界线间的垂直距离，平齐尺寸标注是用来标注斜线的尺寸，标出的尺寸线与所选实体具有相同的倾角。

4. 基线标注

> **命令方式**
>
> 标注工具栏：⊟
>
> 下拉菜单："标注"→"基线"命令
>
> 命令窗口：DIMBASELINE(DIMBASE)

该命令用于以一条尺寸线为基准标注多条尺寸。

5. 连续标注

> **命令方式**
>
> 标注工具栏：⊢⊢⊣
>
> 下拉菜单："标注"→"连续"命令
>
> 命令窗口：DIMCONTINUE

该命令用于按某一种基准线进行标注，尺寸线首尾相连。该命令只适用于线性、角度、坐标三种类型的尺寸标注。

6. 径向型标注

> **命令方式**
>
> 标注工具栏：⊘ / ⊘
>
> 下拉菜单："标注"→"半径"→"半径/直径"命令
>
> 命令窗口：DIMRADIUS(DIMRAD)/DIMDIAMETER(DIMDIA)

该命令用于标注圆或圆弧的半径及直径。

1.10 图形的布局与打印输出

在 AutoCAD 中完成绘图后,常常需要把图形输出,其中最重要的是打印输出。在 CAD 工程制图中,图纸上通常包括图形和其他的附加信息(如图纸边框、标题栏等),打印的图纸经常包含一个以上的图形,就需要利用 AutoCAD 提供的图纸空间,根据打印输出的需要布置图纸。AutoCAD 有两种绘图空间:模型空间和图纸空间。

1.10.1 模型空间和图纸空间

模型空间中的"模型"是指 AutoCAD 中用绘制与编辑命令生成的代表现实世界物体的对象;而模型空间是建立模型时所处的 AutoCAD 环境,是用户用于完成绘图和设计工作的工作空间。

图纸空间又称为布局空间,它是一种工具,用于图纸的布局,是完全模拟图纸页面设置、管理视图的 AutoCAD 环境。在图纸空间里用户所要考虑的是图形在整张图纸中如何布局,如图形排列、绘制视图、绘制局部放大图等。例如,希望在打印图形时为图形增加一个标题栏、在一幅图中同时打印立体图形的三视图等,这些都需要借助图纸空间。

模型空间虽然只有一个,但是可以为图形创建多个布局图以适应不同的要求。在绘图区域的下方一般默认包括一个模型选项卡和两个布局选项卡("布局 1"和"布局 2")。浮动模型空间与图纸空间的切换可以通过绘图区下部状态栏右边的"模型或图纸空间"切换按钮来实现。如图 1.28 所示,当按钮显示为"模型"时,单击"模型"按钮可以进入图纸空间,同时该按钮变为"图纸"按钮;当按钮显示为"图纸"时,单击"图纸"按钮可以进入浮动模型空间,同时该按钮变为"模型"按钮。

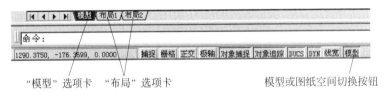

"模型"选项卡   "布局"选项卡   模型或图纸空间切换按钮

图 1.28 模型选项卡、布局选项卡和"模型或图纸空间"切换按钮

1.10.2 布局空间打印输出

1. 布局

在模型空间中,只能实现单个视图出图,要想实现多个视图出图,必须使用图纸空间即布局。要想在布局空间打印出图,首先要创建布局,创建布局包含页面设置、画图框、插入标题栏、创建视口,甚至视口中的图形比例、添加注解等。常见创建布局的方法有三种:

(1)通过"布局"选项卡创建布局;

(2)利用"布局向导"创建布局;

(3)使用"布局样板"创建布局。

2．视口

视口是浮动在布局上视口，从图纸空间观察、修改在模型空间建立的模型的窗口。建立浮动视口，是在布局上组织图形输出的重要手段。浮动视口的特点如下：

（1）浮动视口本身是图纸空间的 AutoCAD 实体，可以被编辑（删除、移动等），视口实体在某个图层中创建，必要时可以关闭或冻结此图层，此时并不影响其他视口的显示。

（2）图纸空间中，每个浮动视口都显示坐标系坐标。

（3）无论在图纸空间绘制什么，都不会影响在模型空间所设置的图形。在图纸空间绘制的对象只在图纸空间有效，一旦转换到模型空间就没有了。

创建视口的命令：

命令方式
下拉菜单："视图"→"视口"→"新建视口"命令

1.10.3 打印输出

在图纸空间（布局空间）完成图形布局后，通常要打印到图纸上，也可以生成一份电子图纸。打印的图形可以包含图形的单一视图，或者更为复杂的视图排列。根据不同的需要，可以打印一个或多个视口，或设置选项以决定打印的内容和图像在图纸上的布置。如果想要将图形打印输出到纸上，则在指定了打印设备和介质并进行打印预览后，就可以实现打印图形了。

1.11 AutoCAD 软件基本操作

在使用 AutoCAD 软件过程中，通过执行命令、用鼠标完成各类操作，因此必须掌握正确命令执行方法和鼠标操作，AutoCAD 软件命令基本操作如表 1.3 所示。

表 1.3 AutoCAD 软件命令基本操作一览表

操 作 要 点	含 义
AutoCAD 鼠标操作	通常左键代表选择，右键代表回车 指向：把鼠标移动至某一工具图标上，此时系统会自动显示该图标名称 单击：把光标指向某一对象，按下左键
通常单击的含义	选择目标 确定十字光标在绘图区的位置 移动绘图区的水平、垂直滚动条 单击工具栏目标，执行相应的命令 单击对话框中命令按钮，执行命令
通常右击的含义	右击鼠标光标所指向的当前命令工具栏设置框，以定制工具栏 结束选择目标 弹出浮动菜单 代替 Enter 键
双击：一般均指双击左键	启动程序或打开窗口 更改状态行上 SNAP、GRID、ORTHO、OSNAP、MODLE 和 TILE 等开关量

续表

操 作 要 点	含 义
AutoCAD 工作模式	人机对话,操作过程 发命令-看提示;先命令-后选择
AutoCAD 命令输入方式	下拉菜单 工具栏按钮 直接输入命令 使用快捷键 运用辅助绘图工具
绘图时,通过坐标系确定点的位置	用鼠标在屏幕上取点 对象捕捉方式捕捉特征点 通过键盘输入点的坐标
绝对坐标系	相对于当前坐标系坐标原点的坐标 直角坐标:(x,y,z)输入点的 X 轴、Y 轴、Z 轴坐标 极坐标:(a<b),其中 (1) a 为某点与坐标原点的距离 (2) b 为两点连线与 X 轴正向的夹角 球面坐标:(a<b<c),其中 (1) a 为某点与坐标原点的距离 (2) b 为该点在 XOY 平面内的投影同原点连线同 X 轴正向的夹角 (3) c 为该点与坐标系原点的连线同 XOY 坐标平面的夹角
相对坐标	相对于前一坐标点的坐标 相对直角坐标系:(@x, y) 相对极坐标:(@a<b) 相对球面坐标:(@a<b<c)

习　题　1

1. 熟悉 AutoCAD 2016 中文版界面,选择不同的工作空间,观察不同工作空间对应的界面有何不同?

2. AutoCAD 命令的输入有哪几种方式?

3. 设置图形界限有何作用? 如何设置?

4. 坐标输入的方式有哪些? 各自的使用场合如何?

5. 绝对坐标和相对坐标的含义有何不同?

6. 栅格和捕捉如何设置和调整? 在绘图中如何使用?

AutoCAD 2008 版概要

AutoCAD 2016 版概要

第2章　AutoCAD 平面绘图命令

本章概要

本章重点介绍 AutoCAD 平面绘图命令。通过本章学习,读者可以掌握 AutoCAD 绘图的基本操作方法。在图纸上看起来很复杂的图形,一般都是由几种基本的图形对象组成,绘制图形时,通过输入命令和输入坐标值来绘制完成。

2.1　平面绘图命令的基本操作

制图形时,有以下方法可以启动命令:

- 在功能区、工具栏或菜单中进行选择;
- 在动态输入工具提示中输入命令;
- 在命令窗口中输入命令;
- 从工具选项板中拖动自定义命令。

平面绘图命令操作演示

输入命令后,会看到显示在命令行中的一系列提示。

例如,输入 PLINE 并指定第一个提示后,将显示以下提示(如图 2.1 所示):

PLINE 指定下一点或 [圆弧(A)　半宽(H)　长度(L)　放弃(U)　宽度(W)]:

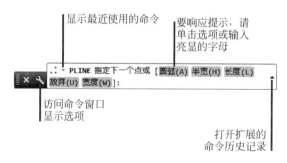

图 2.1　响应命令示意图

其中:

(1)默认值是指定下一点。可以输入 X 轴,Y 轴坐标值或单击绘图区域中的某个位置。

(2)要选择不同的选项,可通过输入该选项的指定字母,可以输入大写或小写字母。例如,要选择"宽度"选项,请输入 w,然后按 Enter 键。

(3)默认选项(包括当前值)显示在尖括号中的选项后面,例如,"POLYGON 输入侧面数<4>:"。在此情况下,可以按 Enter 键保留当前设置(4);如果要更改设置,请输入不同的数字并按 Enter 键。

输入命令的步骤如表 2.1 所示。

表 2.1　输入命令操作一览表

操 作 类 型	输入命令的操作步骤
输入命令	在"命令"提示文本框中输入完整的命令名称,然后按 Enter 键或空格键 如果自动命令完成处于打开状态,则开始输入命令,当正确的命令在命令文本区域中亮显时,按 Enter 键 输入命令别名(存储在.pgp 文件中的较短的替换名称),然后按 Enter 键
响应其他任何提示和选项	要选择显示在括号中的默认选项,则按 Enter 键 要响应提示,则输入值或单击图形中的某个位置 要指定提示选项,则在提示列表中键入大写的亮显字母,然后按 Enter 键 要选择提示选项,则单击提示
重复使用最近使用的命令	在命令行中单击并按"向上"或"向下"箭头键来切换输入的命令 单击命令文本框左侧的"近期使用的命令"按钮 在命令行中右击并选择"最近使用的命令" 在绘图区域中右击,然后从"最近的输入"列表中选择一个命令 单击要使用的命令,命令被重新启动
重复命令	将光标置于"命令"提示文本框中,在命令完成后按 Enter 键或空格键 在命令前输入 multiple。例如,输入 multiple circle 将提示添加其他圆 在任意位置右击(此行为在"选项"对话框中的"用户系统配置"选项卡中设置)
完成命令输入	按 Enter 键 按空格键 右击,然后选择"输入"命令,或只是右击(取决于单击鼠标右键行为设置)
取消命令	按 Esc 键

2.2　AutoCAD 基本绘图命令

2.2.1　绘制点(POINT)

命令方式

绘图工具栏:·
下拉菜单:"绘图"→"点"→"单点"/"多点"命令
命令窗口:POINT(PO)

在 AutoCAD 软件中,点的绘制方法主要有 4 种:绘制单点、绘制多点、绘制定数等分点和绘制定距等分点。绘制点下拉菜单示意图如图 2.2 所示。

从"格式"菜单打开点样式对话框,设置点样式,如图 2.3 所示。

绘制定数等分点如图 2.4 所示。

命令:_divide
选择要定数等分的对象:
输入线段数目或 [块(B)]:8

图 2.2　绘制点下拉菜单示意图

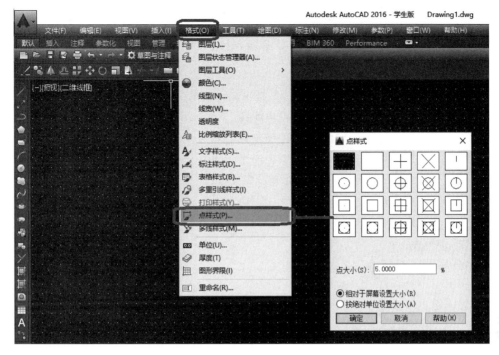

图2.3　设置点样式

绘制定距等分点如图2.5所示。

命令：_measure
选择要定距等分的对象：
指定线段长度或 [块(B)]：400

图2.4　绘制定数等分点示意图

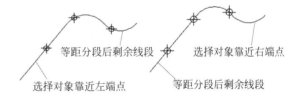

等距分段后剩余线段　　　选择对象靠近右端点

选择对象靠近左端点　　　等距分段后剩余线段

图2.5　绘制定距等分点示意图

由于等分对象的长度是固定的，而等分后的每段线段的长度是指定的，所以最后一段测量长度不一定等于指定的长度。

注意选择对象的"最近原则"。

2.2.2　绘制直线（LINE）

命令方式

绘图工具栏：✏️

下拉菜单："绘图"→"直线"命令

命令窗口：LINE(L)

31

1. 绘制直线的步骤

（1）输入"直线"命令。

（2）指定线段的起点和终点。

（3）继续指定其他线段。

图 2.6　快速访问工具栏"放弃"按钮

（4）按 Enter 键或 Esc 键结束命令，或者输入 c 使一系列线段闭合。

若要放弃之前的线段，请在命令提示下输入 u。

单击快速访问工具栏上的"放弃"来取消整个线段系列，如图 2.6 所示。

2. 按特定的角度绘制直线步骤

（1）输入"直线"命令。

（2）指定起点。

（3）执行以下操作之一以指定角度：

- 输入左尖括号（<）和角度（例如，<45），然后移动光标以指示方向；
- 移动光标以指定角度。

（4）执行以下操作之一以指定长度：

- 单击一个点以指定端点，而不使用对象捕捉；根据需要，修剪或延伸生成的直线；
- 输入直线的长度，例如 2.5。

3. 特别注意取当前点的绘制方法

在提示输入第一点的坐标时按 Enter 键或空格键，系统把上次所画直线段、圆弧段、多段线的终点作为本次要画的直线段的起点。当上次所画图形为圆弧时，所绘直线与圆弧相切，只需要输入直线的长度，如图 2.7 所示。

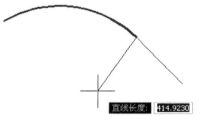

图 2.7　"取当前点"绘制直线

```
命令: _line 指定第一点:
指定下一点或 [放弃(U)]:
指定下一点或 [闭合(C)/放弃(U)]:
```

2.2.3　绘制矩形（RECTANG）

> **命令方式**
>
> 绘图工具栏：▭
> 下拉菜单："绘图"→"矩形"命令
> 命令窗口：RECTANG（REC）

绘制矩形步骤如下：

（1）输入"矩形"命令。

（2）指定矩形第一个角点的位置。

（3）指定矩形对角点的位置。

矩形是 AutoCAD 中重要的基本图形。执行绘制矩形命令后,命令行提示如下:

命令:_RECTANG
指定第一个角点或 [倒角(C)/标高(E)/圆角(F)/厚度(T)/宽度(W)]:
指定另一个角点或 [面积(A)/尺寸(D)/旋转(R)]:

其中各命令选项功能介绍如下。

(1) 倒角(C):选择此命令后,设置矩形的倒角距离。依次指定两个倒角距离后,即可创建具有倒角的矩形,如图 2.8 所示。

(2) 标高(E):选择此命令后,指定矩形的标高。标高是指当前图形相对于参考面的高度,所以在三维图形中才可以明显地看出来,如图 2.9 所示。

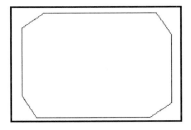

图 2.8　绘制倒角矩形

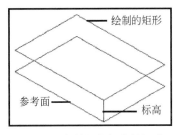

图 2.9　绘制具有标高的矩形

(3) 圆角(F):选择此命令后,指定矩形的圆角半径,如图 2.10 所示。

(4) 厚度(T):选择此命令后,指定矩形的厚度。与标高一样,矩形的厚度只有在三维空间中才可以显现出来。具有厚度的矩形看起来与长方体相同,但具有厚度的矩形实质上是多段线,而长方体是实体,如图 2.11 所示。

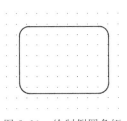

图 2.10　绘制倒圆角矩

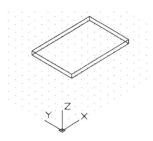

图 2.11　绘制指定厚度的矩形

(5) 宽度(W):选择此命令后,为绘制的矩形指定多段线的宽度,如图 2.12 所示。

(6) 面积(A):选择此命令后,使用面积与长度或宽度创建矩形。

(7) 尺寸(D):选择此命令后,使用长和宽创建矩形。

(8) 旋转(R):选择此命令后,按指定的旋转角度创建矩形,如图 2.13 所示。

图 2.12　绘制带有线宽的矩形

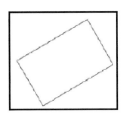

图 2.13　绘制旋转矩形

2.2.4 绘制圆(CIRCLE)

命令方式

绘图工具栏：⊘
下拉菜单："绘图"→"圆"命令
命令窗口：CIRCLE(C)

绘制圆(CIRCLE)的下拉菜单命令如图 2.14 所示。绘制圆的步骤如下。

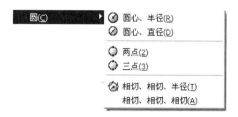

图 2.14 绘制圆下拉菜单

1. 通过圆心和半径或直径绘制圆的步骤

(1) 执行以下操作之一：

• 选择菜单"绘图"→"圆"→"圆心,半径"命令；

• 选择菜单"绘图"→"圆"→"圆心,直径"命令。

(2) 指定圆心。

(3) 指定半径或直径。

2. 创建与两个对象相切的圆的步骤

切点是一个对象与另一个对象接触而不相交的点。

(1) 选择菜单"绘图"→"圆"→"相切,相切,半径"命令,启动"切点"对象捕捉模式。

(2) 选择与要绘制的圆相切的第一个对象。

(3) 选择与要绘制的圆相切的第二个对象。

(4) 指定圆的半径。

3. 注意事项

在用"相切、相切、半径(T)"方式绘制圆时应注意：

(1) 必须要在与所作圆相切的对象上捕捉切点,如果半径不合适,系统会提示："圆不存在"。

(2) 若有多个圆符合指定的条件,程序将绘制具有指定半径的圆,其切点与选定点的距离最近。

4. 用"相切、相切、相切"方式绘制圆示意图

【例 2.1】 绘制如图 2.15 所示的圆。

图 2.15 用"相切、相切、相切"方式绘制圆的不同结果

2.2.5 绘制圆弧（ARC）

命令方式

绘图工具栏：🖊

下拉菜单："绘图"→"圆弧"命令

命令窗口：ARC（A）

要绘制圆弧，可以指定圆心、端点、起点、半径、角度、弦长和方向值的各种组合形式。绘制圆弧的下拉菜单命令如图 2.16 所示。绘制圆弧的步骤如下。

图 2.16 绘制圆弧下拉菜单

1．通过指定三点绘制圆弧

（1）选择菜单"绘图"→"圆弧"→"三点"命令。

（2）指定起点。

（3）在圆弧上指定点。

（4）指定端点。

2．使用起点、圆心和端点绘制圆弧

（1）选择菜单"绘图"→"圆弧"→"起点、圆心、端点"命令。

（2）指定起点。

（3）指定圆心。

（4）指定端点。

3．使用切线延伸圆弧

（1）完成圆弧绘制。

(2) 选择菜单"绘图"→"直线"命令。

(3) 出现第 1 个提示后按 Enter 键。

(4) 输入直线的长度并按 Enter 键。

4．使用相切圆弧延伸圆弧

(1) 完成圆弧绘制。

(2) 选择菜单"绘图"→"圆弧"→"连续"命令。

(3) 指定相切圆弧的第 2 个端点。

5．注意事项

绘制圆弧时应注意：

(1) 如果未指定点就按 Enter 键,最后绘制的直线或圆弧的端点将会作为起点,并立即提示指定新圆弧的端点。这将创建一条与最后绘制的直线、圆弧或多段线相切的圆弧。

(2) 除三点画弧外,圆弧有方向性：逆时针由起点向终点。

(3) 长度(弦长)为正,画优弧；长度(弦长)为负,画劣弧。

(4) 角度为正,逆时针画弧；角度为负,顺时针画弧。

(5) 紧接直线命令后画圆弧,取当前点,则圆弧与直线相切,如图 2.17 所示。

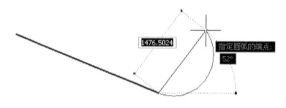

图 2.17　取当前点绘制直线

2.2.6　绘制椭圆(ELLIPSE)

绘图工具栏：

下拉菜单："绘图"→"椭圆"命令

命令窗口：ELLIPSE(EL)

椭圆由定义其长度和宽度的两条轴决定。绘制椭圆的步骤如下。

1．使用端点和距离绘制真正的椭圆步骤

(1) 选择菜单"绘图"→"椭圆"→"轴,端点"命令。

(2) 指定第一条轴的第一个端点(1)。

(3) 指定第一条轴的第二个端点(2)。

(4) 从中点拖离定点设备,然后单击以指定第二条轴二分之一长度的距离(3)(如图 2.18 所示)。

2．使用起点和端点角度绘制椭圆弧步骤

(1) 选择菜单"绘图"→"椭圆"→"椭圆弧"命令。

（2）指定第一条轴的端点(1 和 2)。

（3）指定距离以定义第二条轴的半长(3)。

（4）指定起点角度(4)。

（5）指定端点角度(5)。

（6）椭圆弧从起点到端点按逆时针方向绘制(如图 2.19 所示)。

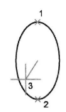 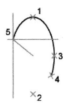

图 2.18　绘制椭圆　　　　　　图 2.19　起点端点绘制椭圆

2.2.7　构造线(XLINE)

> **命令方式**
>
> 绘图工具栏：
> 下拉菜单："绘图"→"构造线"命令
> 命令窗口：XLINE(XL)

构造线是一条向两边无限延伸的直线,多用于绘制其他对象的参照。这类线通常作为辅助线使用。在绘制机械和建筑三视图中,为了保证主视图与左视图、顶视图的投影关系,需要利用构造线将图形对齐。

绘制构造线的步骤如下。

1. 通过指定两点创建构造线步骤

（1）选择菜单"绘图"→"构造线"命令。

（2）指定一个点以定义构造线的根。

（3）指定第二个点,即构造线要经过的点。

（4）根据需要继续指定构造线,所有后续参照线都经过第一个指定点。

（5）按 Enter 键结束命令。

2. 构造线命令行各选项功能

```
命令: _xline
指定点或 [水平(H)/垂直(V)/角度(A)/二等分(B)/偏移(O)]:
            //指定一点,即用无限长直线所通过的两点定义构造线的位置
指定通过点:   //指定构造线要经过的第二点,并按回车键结束该命令
```

（1）水平(H)：创建一条通过指定点的水平构造线。

（2）垂直(V)：创建一条通过指定点的垂直构造线。

（3）角度(A)：以指定的角度创建一条构造线。执行该选项后,命令行提示如下：

输入构造线的角度(0)或[参照(R)]:

在该提示下指定一个角度或输入 R 选择参照选项。

(4) 二等分(B):绘制角平分线。

(5) 偏移(O):创建平行于另一个对象的构造线。执行该选项后,命令行提示如下:

指定偏移距离或[通过(T)]<通过>:

2.2.8 正多边形(POLYGON)

命令方式

绘图工具栏: ◇
下拉菜单:"绘图"→"正多边形"命令
命令窗口:POLYGON(POL)

绘制正多边形的步骤如下。

1. 绘制多边形步骤

(1) 选择菜单"绘图"→"多边形"命令。

(2) 输入边数。

(3) 指定多边形的中心。

(4) 执行以下操作之一:

* 输入 i 以指定与圆内接的多边形(如图 2.20(a)所示);

* 输入 c 以指定与圆外切的多边形(如图 2.20(b)所示)。

(5) 输入半径长度。

2. 通过指定一条边绘制多边形

(1) 选择菜单"绘图"→"多边形"命令。

(2) 输入边数。

(3) 输入 e(边)。

(4) 指定一条多边形线段的起点(1)。

(5) 指定多边形线段的端点(2)(如图 2.21 所示)。

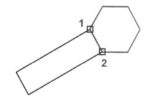

(a) 与圆内接的多边形 (b) 与圆外切的多边形

图 2.20 两种多边形示意图   图 2.21 指定边绘制多边形

3. 正多边形命令各选项功能

命令:_polygon   //执行绘制正多边形命令
输入边的数目<4>:   //输入正多边形的边数或按 Enter 键
指定正多边形的中心点或[边(E)]:   //指定正多边形的中心点或选择其他命令选项

输入选项 [内接于圆(I)/外切于圆(C)] <I>:　　　　　//选择绘制正多边形的方式
指定圆的半径:　　　　　　　　　　　　　　　　　　//输入圆的半径

下面具体介绍各选项的功能。

(1) 边(E):选择此命令选项,通过指定正多边形一条边的两个端点来定义正多边形。

(2) 内接于圆(I):选择此命令选项,通过指定正多边形的外接圆来确定正多边形的大小,正多边形中心点到各边端点的距离就是内接圆的半径。

(3) 外切于圆(C):选择此命令选项,通过指定正多边形外切圆来确定正多边形的大小,正多边形中心点到各边中点的距离就是外切圆的半径。

无论用内接圆法绘制正多边形,还是用外切圆法绘制正多边形,用户都只能看到随着光标缩放的正多边形,而内接圆与外切圆都是假想的。

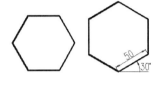

4. 正多边形绘图示例

【例 2.2】　绘制如图 2.22 所示左图的正六边形。

图 2.22　绘制正多边形

命令:_polygon
输入边的数目 <4>: 6
指定正多边形的中心点或 [边(E)]:
输入选项 [内接于圆(I)/外切于圆(C)] <I>:　　//选择用【内接于圆(I)】方式
指定圆的半径: 90

命令: _polygon 输入边的数目 <6>:
指定正多边形的中心点或 [边(E)]: e　　　　　//选择用边[边(E)]方式
指定边的第一个端点:指定边的第二个端点:@50<30

2.2.9　多段线(PLINE)

> **命令方式**
>
> 绘图工具栏:　⤵
> 下拉菜单:"绘图"→"多段线"命令
> 命令窗口:PLINE(PL)

多段线是由直线和圆弧连接而成的折线或曲线。组成多段线的直线和圆弧的数量是任意的,但无论多少,该多段线始终被视为一个实体对象进行编辑。绘制多段线的步骤如下。

1. 绘制包含直线段的多段线

(1) 选择菜单"绘图"→"多段线"命令。

(2) 指定多段线的起点。

(3) 指定第一条线段的端点。

(4) 根据需要继续指定线段端点。

(5) 按 Enter 键结束,或者输入 c 使多段线闭合。

注意:若要以上次绘制的多段线的端点为起点绘制一条多段线,请再次启动该命令,然后在出现"指定起点"提示后按 Enter 键。

2．绘制宽多段线

(1) 选择菜单"绘图"→"多段线"命令。

(2) 指定多段线的起点。

(3) 输入 w(宽度)。

(4) 输入线段的起点宽度。

(5) 使用以下方法之一指定线段的端点宽度：

- 要创建等宽的线段，请按 Enter 键；

- 要创建一个宽度渐窄或渐宽的线段，请输入一个不同的宽度。

(6) 指定线段的端点。

(7) 根据需要继续指定线段端点。

(8) 按 Enter 键结束，或者输入 c 使多段线闭合。

3．用直线段和曲线段来绘制多段线

(1) 选择菜单"绘图"→"多段线"命令。

(2) 指定多段线的起点。

(3) 指定第一条线段的端点。

(4) 在命令提示下输入 a(圆弧)，切换到"圆弧"模式。

(5) 输入 l(直线)，返回到"直线"模式。

(6) 根据需要指定其他线段。

(7) 按 Enter 键结束，或者输入 c 使多段线闭合。

4．绘制多段线示例

【例 2.3】 绘制如图 2.23 所示箭头。

执行绘制多段线命令后，命令行提示如下：

图 2.23 用多段线绘制箭头

```
命令：_pline
指定起点：                    //指定如图 2.23 所示的 A 点
当前线宽为 0.0000
指定下一个点或 [圆弧(A)/半宽(H)/长度(L)/放弃(U)/宽度(W)]：w
                              //设定 AB 的线宽
指定起点宽度 <0.0000>：0.5
指定端点宽度 <0.5000>：       //AB 的线宽为 0.5
指定下一个点或 [圆弧(A)/半宽(H)/长度(L)/放弃(U)/宽度(W)]：
                              //指定图 2.23 中的 B 点
指定下一个点或 [圆弧(A)/半宽(H)/长度(L)/放弃(U)/宽度(W)]：w
                              //设定 BC 的线宽
指定起点宽度 <0.5000>：0
指定端点宽度 <0.0000>：0     //BC 的线宽为 0
指定下一个点或 [圆弧(A)/半宽(H)/长度(L)/放弃(U)/宽度(W)]：
                              //指定图 2.23 中的 C 点
指定下一个点或 [圆弧(A)/半宽(H)/长度(L)/放弃(U)/宽度(W)]：w
                              //设定 CD 的线宽
指定起点宽度 <0.0000>：1
指定端点宽度 <1.0000>：0
                              //CD 的起始线宽为 1,终点线宽为 0
指定下一个点或 [圆弧(A)/半宽(H)/长度(L)/放弃(U)/宽度(W)]：
```

//指定图 2.23 中的 D 点
指定下一个点或 [圆弧(A)/半宽(H)/长度(L)/放弃(U)/宽度(W)]:
//按 Enter 键结束命令

【例 2.4】 用 PLINE 命令绘制圆弧(如图 2.24 所示)。

命令: _pline
指定起点:
当前线宽为 0.0000
指定下一个点或 [圆弧(A)/半宽(H)/长度(L)/放弃(U)/宽度(W)]:a
//输入 A 进入圆弧绘制方式

指定圆弧的端点或
[角度(A)/圆心(CE)/方向(D)/半宽(H)/直线(L)/半径(R)/第二个点(S)/放弃(U)/宽度(W)]:
//指定圆弧第一点或绘制圆弧的方式

【例 2.5】 利用 PLINE 一个命令绘制如图 2.25 所示图形。

绘制带圆弧的多段线　　　　具有宽度的多段线

图 2.24 用 PLINE 命令绘制圆弧　　图 2.25 用多段线绘制的图形

命令: pline
指定起点:　　　　　　　　　　　　//指定如图 2.25 所示的第 1 点
当前线宽为 0.0000
指定下一个点或 [圆弧(A)
/半宽(H)/长度(L)/放弃(U)/宽度(W)]: w　//指定图 2.25 中的绘图线宽,设置为 1
指定起点宽度 <0.0000>: 1
指定端点宽度 <1.0000>:
指定下一个点或 [圆弧(A)/半宽(H)/长度(L)/放弃(U)/宽度(W)]:a
//圆弧选项,由默认的绘直线图方式转到绘圆弧方式
指定圆弧的端点或[角度(A)/圆心(CE)/方向(D)
/半宽(H)/直线(L)/半径(R)/第二个点(S)/放弃(U)/宽度(W)]:a
//指定圆角选项,用圆心角方式绘图
指定包含角: 180
指定圆弧的端点或 [圆心(CE)/半径(R)]: r //指定圆弧半径绘图
指定圆弧的半径: 6
指定圆弧的弦方向 <0>: 270　　　　　　//指定圆弧的弦方向,即确定图 2.25 中的第 2 点
指定圆弧的端点或[角度(A)/圆心(CE)/闭合(CL) /方向(D)/
半宽(H)/直线(L)/半径(R)/第二个点(S)/放弃(U)/宽度(W)]: l
//直线选项,由绘圆弧方式转到绘直线图方式
指定下一点或 [圆弧(A)/闭合(C)
/半宽(H)/长度(L)/放弃(U)/宽度(W)]: @20<0　　//指定图 2.25 中的第 3 点
指定下一点或 [圆弧(A)/闭合(C)
/半宽(H)/长度(L)/放弃(U)/宽度(W)]: @8<-90　　//指定图 2.25 中的第 4 点
指定下一点或 [圆弧(A)/闭合(C)/半宽(H)/长度(L)/放弃(U)/宽度(W)]:a
//圆弧选项,由绘直线图方式转到绘圆弧方式
指定圆弧的端点或[角度(A)/圆心(CE)/闭合(CL) /方向(D)

/半宽(H)/直线(L)/半径(R)/第二个点(S)/放弃(U)/宽度(W)]: a
　　　　　　　　　　　//指定圆角选项,用圆心角方式绘图

指定包含角: 180
指定圆弧的端点或[圆心(CE)/半径(R)]: r
指定圆弧的半径: 14
指定圆弧的弦方向 <270>: 90　　　　　　//指定圆弧的弦方向,即确定图 2.25 中的第 5 点
指定圆弧的端点或[角度(A)/圆心(CE)/闭合(CL)/方向(D)
/半宽(H)/直线(L)/半径(R)/第二个点(S)/放弃(U)/宽度(W)]: 1
　　　　　　　　　　　//直线选项,由绘圆弧方式转到绘直线图方式
指定下一点或[圆弧(A)/闭合(C)/半宽(H)
/长度(L)/放弃(U)/宽度(W)]: @8<-90　　　//指定图 2.25 中的第 6 点
指定下一点或[圆弧(A)/闭合(C)/半宽(H)/长度(L)/放弃(U)/宽度(W)]: c
　　　　　　//指定闭合选项,以直线方式首尾闭合,即连接图 2.25 中的第 6 点与第 1 点

2.2.10　样条曲线(SPLINE)

> **命令方式**
>
> 绘图工具栏: ～
> 下拉菜单:"绘图"→"样条曲线"命令
> 命令窗口: SPLINE(SPL)

样条曲线是经过或接近影响曲线形状的一系列点的平滑曲线。绘制样条曲线的步骤如下。

1. 创建或编辑样条曲线示例 1(如图 2.26 所示)

使用控制点或拟合点创建或编辑样条曲线,其中,左侧的样条曲线将沿着控制多边形显示控制顶点,而右侧的样条曲线显示拟合点。

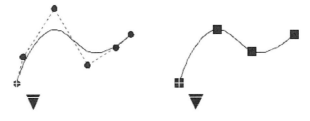

图 2.26　创建或编辑样条曲线示例 1

2. 创建或编辑样条曲线示例 2

在选定样条曲线上使用三角形夹点可在显示控制顶点和显示拟合点之间进行切换(如图 2.27 所示)。

3. 创建或编辑样条曲线示例 3

使用拟合点创建样条曲线时,生成的曲线通过指定的点,并受曲线中数学节点间距的影响,节点的间距不同,生成不同的样条曲线(如图 2.28 所示)。

图 2.27　创建或编辑样条曲线示例 2　　　　图 2.28　创建或编辑样条曲线示例 3

4．样条曲线命令各选项功能

命令：_spline　　　　　　　　　　　　　//执行绘制样条曲线命令
指定第一个点或 [对象(O)]:　　　　　　　//指定样条曲线的第一个点
指定下一点:　　　　　　　　　　　　　　//指定样条曲线的下一点
指定下一点或 [闭合(C)/拟合公差(F)]<起点切向>://指定样条曲线的下一点
指定下一点或 [闭合(C)/拟合公差(F)]<起点切向>://按 Enter 键结束指定下一点
指定起点切向:　　　　　　　　　　　　　//拖动鼠标指定起点切向
指定端点切向:　　　　　　　　　　　　　//拖动鼠标指定端点切向

（1）对象(O)：选择该命令选项，将二维或三维的二次或三次样条拟合多段线转换成等价的样条曲线并删除多段线。

（2）闭合(C)：选择该命令选项，将最后一点定义为与第一个点一致并使它在连接处相切，这样可以闭合样条曲线。

（3）拟合公差(F)：选择该命令选项，修改拟合当前样条曲线的公差。

习　题　2

1．多段线与一般的线条有哪些区别？

2．绘制椭圆的方法有几种？如何操作？

3．绘制正多边形的方法有几种？如何操作？

4．绘制矩形的方法有几种？有什么区别？

5．用什么方法可以绘制箭头？请具体完成操作。

6．如何设置线型、颜色、线宽？

第 3 章　AutoCAD 平面编辑命令

本章概要

在使用 AutoCAD 软件时,只使用绘图命令或绘图工具只能绘制一些基本图形。为了绘制更复杂的图形,必须借助图形编辑命令。本章详细介绍 AutoCAD 软件的基本编辑命令,包括对图形进行修改、移动、复制以及删除等操作,或通过已有图形构造新的复杂图形的编辑命令及操作方法。

AutoCAD 提供了丰富的图形编辑功能。"修改"菜单与"修改"工具栏如图 3.1 和图 3.2 所示。

图 3.1　"修改"菜单

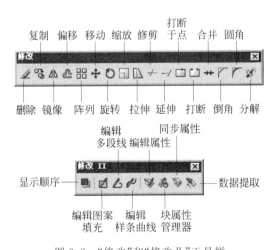

图 3.2　"修改"和"修改Ⅱ"工具栏

3.1　选 择 对 象

在 AutoCAD 中执行编辑操作时,通常情况下首先选择需要编辑的图形对象,然后再进行相应的编辑操作。这样所选择的对象便构成一个集合,称为选择集。用户可以用一般的方法进行选择,也可以使用夹点工具对图形进行简单编辑。在构造选择集的过程中,被选择的对象一般以虚线显示。对象的选择模式有多种,可以通过对选择集设置来确定选择对象的模式,如图3.3所示。

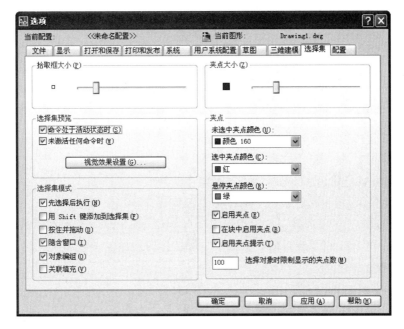

图3.3　使用"选项"对话框设置选择模式

1. 选择对象的步骤

通过单击对象,或者通过使用窗口选择或窗交选择的方法来选择对象:

(1) 单击:通过单击单个对象来选择。

(2) 窗口选择:从左到右拖动光标以选择完全封闭在矩形选择区域内的所有对象。

(3) 窗交选择:从右到左拖动光标以选择在矩形选择区域内或与之相交的所有对象。

选择完对象后,按Enter键结束对象选择,或按Esc键取消选择。

2. 选择对象的方法

当用户要对图形进行编辑修改时,系统会提示:"选择对象:",在该命令提示下输入"?"号,命令行将显示如下提示信息:

需要点或窗口(W)/上一个(L)/窗交(C)/框(BOX)/全部(ALL)/栏选(F)/圈围(WP)/圈交(CP)/编组(G)/添加(A)/删除(R)/多个(M)/前一个(P)/放弃(U)/自动(AU)/单个(SI)

选择对象的参数很多,最常用的几个选项含义如下:

(1) 直接选择对象:此方式是用拾取框直接选择一个对象,可连续选择多个对象。

(2) 窗口(W):此方式是用一个矩形窗口选择对象,凡是在窗口内的目标均被选中。

(3) 上一个(L):此方式是将用户最后绘制的对象作为编辑对象。

(4) 窗交(C):交叉选择方式。该选项与"窗口"选项类似,不同的是在此窗口内或与此窗口四边相交的图形都将被选中。

注意:在默认情况下,用户不输入选项,直接按从左到右的方法确定窗口,则系统按窗口方式建立选择集;按从右到左的方法确定窗口,则系统按窗交方式建立选择集,即:从左到右,W 方式;从右到左,C 方式。

(5) 框(BOX):此方式是由"窗口"和"窗交"组合的一个单独选项。从左向右指定对角点,即为"窗口"方式;反之,为"窗交"方式。

(6) 全部(ALL):全选方式。该选项用于选取图形中的所有对象。

(7) 栏选(F):围线选择方式。凡是与该折线相交的实体均被选中。

(8) 圈围(WP):多边形窗口方式。该选项与"窗口"方式相似,它可以构造任意形状的多边形区域,包含在多边形区域内的图形将被选中。

(9) 圈交(CP):交叉多边形窗口选择方式。该选项与"窗交"方式相似,与"圈围"方式不同的是,与多边形边界相交的对象也将被选中。

(10) 编组(G):输入已定义的选择集。

(11) 添加(A):用于将目标添加到选择集中。

(12) 删除(R):用于从已被选中的目标中删除一个或多个目标。

(13) 多个(M):多项选择。用于指定多个点,但不高亮显示,从而加速对象选取。

(14) 前一个(P):用于选择前一次操作时所选择的选择集。它适用于对同一组目标进行连续编辑操作。

(15) 放弃(U):用于取消上一步所选择的目标。

(16) 自动(AU):用于自动选择对象,若拾取点处恰好有一实体则选择该实体,否则,要求用户确定另一角点。

(17) 单个(SI):单一选择。选择一个实体后,自动退出实体选择状态。

3.2　快速选择

在 AutoCAD 中,当需要选择具有某些共同特性的对象时,可利用"快速选择"对话框(见图 3.4)。根据对象的图层、线型、颜色、图案填充等特性和类型,创建选择集。

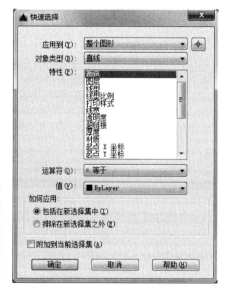

图 3.4　菜单"工具"→"快速选择"命令及"快速选择"对话框

选项列表显示以下选项。

（1）应用到：将过滤条件应用到整个图形或当前选择集（如果存在）。

（2）对象类型：确定要包含在过滤条件中的对象类型。如果过滤条件正应用于整个图形，则"对象类型"列表包含全部的对象类型，包括自定义；否则，该列表只包含选定对象的对象类型。

（3）特性：列出指定对象类型的可用特性。选择其中一个用作选择过滤器。如果不想按特性过滤，则在"运算符"字段中选择"全部选择"选项。

（4）运算符：控制过滤的范围。根据选定的特性，选项可包括"等于""不等于""大于""小于"和"＊通配符匹配"。"＊通配符匹配"只能用于可编辑的文字字段。使用"全部选择"选项将忽略所有特性过滤器。

（5）值：指定过滤器的特性值。

（6）如何应用：指定是将符合给定过滤条件的对象包括在新选择集内或是排除在新选择集之外。选择"包括在新选择集中"将创建其中只包含符合过滤条件的对象的新选择集。选择"排除在新选择集之外"将创建其中只包含不符合过滤条件的对象的新选择集。

（7）附加到当前选择集：指定是由 QSELECT 命令创建的选择集替换还是附加到当前选择集。

3.3　过滤选择

在命令行提示下输入 FILTER 命令（AutoCAD 软件中，命令不区分大小写，本书不再统一），将打开"对象选择过滤器"对话框（如图 3.5 所示）。可以以对象的类型（如直线、圆及圆弧等）、图层、颜色、线型或线宽等特性作为条件，过滤选择符合设定条件的对象。

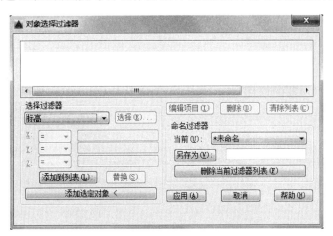

图 3.5　"对象选择过滤器"对话框

使用命名过滤器的步骤如下：

（1）在"选择对象"提示下，输入 'filter（加单引号使其成为透明命令）。

（2）在"对象选择过滤器"对话框的"选择过滤器"下，选择要使用的过滤器。

（3）使用交叉窗口指定要选择的对象。仅选择由交叉窗口选定且符合过滤条件的对象。

（4）单击"应用"按钮。

3.4　使用编组

在 AutoCAD 中，可以将图形对象进行编组以创建一种选择集，使编辑对象变得更为灵活。编组提供以组为单位操作多个对象的简单方法。默认情况下，选择编组中任意一个对象即选中了该编组中的所有对象，并可以像处理单个对象那样移动、复制、旋转和修改编组。处理完编组后，即可轻松解组对象。编组和解组的命令为 GROUP 和 UNGROUP。

创建编组的步骤如下：

（1）运行 group 命令，打开如图 3.6 所示的"对象编组"对话框。

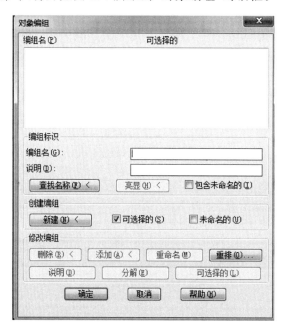

图 3.6　"对象编组"对话框

（2）在"对象编组"对话框的"编组标识"下，输入编组名称和说明。

（3）在"创建编组"区域中，单击"新建"按钮。对话框暂时关闭。

（4）选择对象并按 Enter 键。

（5）单击"确定"按钮。

删除命名编组的步骤如下：

（1）在命令提示下，输入 group 命令。

（2）在"对象编组"对话框中，从编组列表中选择编组名称。

（3）在"修改编组"下，单击"分解"按钮。

（4）单击"确定"按钮。编组被删除。

3.5 AutoCAD 编辑命令

3.5.1 复制(COPY)

> **命令方式**
>
> 修改工具栏：⊡
> 下拉菜单："修改"→"复制"命令
> 命令窗口：COPY(CO,CP)

复制命令用于将一个或多个对象复制到指定位置,还可以将对象重复复制。使用坐标、栅格捕捉、对象捕捉和其他工具可以精确复制对象。也可以使用夹点快速移动和复制对象。

执行命令后,命令行提示及各选项含义如下:

```
命令：COPY
选择对象：                       //用任何一种目标选择方式选择对象
指定基点或 [位移(D)] <位移>：      //指定一点作为位移第一个点
指定第二个点或 <使用第一个点作为位移>：  //指定一点作为位移第二个点
```

(1) 基点：复制对象的基准点,基点可以指定在被复制的对象上,也可以不指定在被复制的对象上。

(2) 位移(D)：指第一个点和第二个点之间的距离。

如果在"指定第二个点"提示下按 Enter 键,则第一个点将被认为是相对 X,Y,Z 位移。例如,如果指定基点为 2,3 并在下一个提示下按 Enter 键,对象将被复制到距其当前位置沿 X 方向正向移动 2 个单位,Y 方向正向移动 3 个单位的位置,如图 3.7 所示。

图 3.7 复制实例

【例 3.1】 两点指定距离复制对象操作。

使用由基点及后跟的第二个点指定的距离和方向复制对象。在如图 3.8 所示的示例中,复制表示电子部件的块,将按照点 1 到点 2 的距离和方向复制对象。

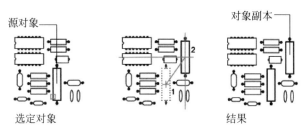

图 3.8 使用两点指定距离复制对象操作示例

(1) 选择要复制的原始对象。

(2) 指定移动基点 1,再指定第二个点 2。

【例3.2】 创建多个副本操作示例。

使用 COPY 命令,可以从指定的选择集和基点创建多个副本,如图3.9所示。

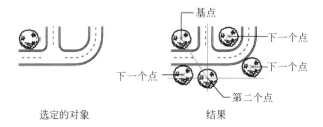

图3.9 创建多个副本操作

3.5.2 镜像(MIRROR)

命令方式

修改工具栏: ▲

下拉菜单:"修改"→"镜像"命令

命令窗口:MIRROR(MI)

镜像(MIRROR)命令用于结构规则且具有对称特点的图形绘制,将图形中个别图形实体进行镜像,也可以将对称图形绘制一半后用该命令进行镜像而得到另一半。

执行命令后,命令行提示及各选项含义如下:

```
命令: _mirror
选择对象:                        //选择需要镜像的对象
选择对象:                        //按 Enter 键或空格键结束选择对象
指定镜像线的第一个点:
指定镜像线的第二个点:
要删除源对象吗?[是(Y)/否(N)]<N>:
```

(1) 选择对象(如图3.10所示):选择要镜像的对象,按 Enter 键完成。

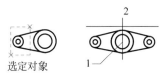

图3.10 镜像对象命令及操作

(2) 指定镜像线的第一个点和第二个点。

指定的两个点将成为直线的两个端点,选定对象相对于这条直线被镜像。对于三维空间中的镜像,这条直线定义了与用户坐标系(UCS)的 XY 平面垂直并包含镜像线的镜像平面。

（3）确定是否删除源对象：确定在镜像原始对象后，是删除还是保留它们。

【例3.3】 镜像操作示例，如图3.11所示。

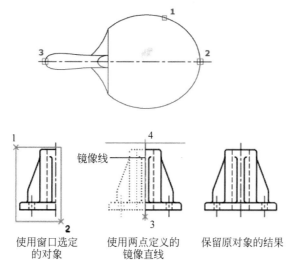

使用窗口选定　　使用两点定义的　　保留原对象的结果
的对象　　　　　镜像直线

图3.11 镜像示意图

3.5.3 阵列（ARRAY）

命令方式

修改工具栏：⊞

下拉菜单："修改"→"阵列"命令

命令窗口：ARRAY（AR）

阵列（ARRAY）命令按矩形或环形方式重复复制指定的对象，创建按指定方式排列的对象副本。用户可以在均匀隔开的矩形、环形或路径阵列中创建对象副本。

1. 矩形阵列

矩形阵列是指将选中的对象沿 X 轴和 Y 轴方向排列进行多重复制的方式。

参数含义及操作如图3.12所示。

2. 环形阵列

环形阵列是围绕用户指定的圆心或一个基点在其周围做圆形或成一定角度的扇形复制对象。参数含义及操作如图3.13所示。

3. 创建矩形阵列的步骤（如图3.14所示）

（1）执行"阵列"命令。

（2）在"阵列"对话框中选择"矩形阵列"。

（3）选择要添加到阵列中的对象并按 Enter 键。

（4）在"行"和"列"框中，输入阵列中的行数和列数。

（5）使用以下方法之一指定对象间水平和垂直间距（偏移）。

图 3.12 "矩形阵列"设置

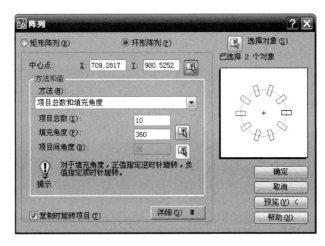

图 3.13 "环形阵列"设置

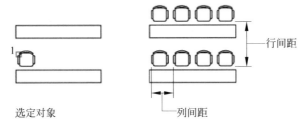

图 3.14 创建矩形阵列示意图

- 在"行偏移"和"列偏移"框中,输入行间距和列间距。添加加号(+)或减号(-)确定方向。
- 单击"拾取行列偏移"按钮,使用定点设备指定阵列中某个单元的相对角点。此单元决定行和列的水平和垂直间距。
- 单击"拾取行偏移"或"拾取列偏移"按钮,使用定点设备指定水平和垂直间距。

（6）要修改阵列的旋转角度，可在"阵列角度"旁边输入新角度。

（7）单击"选择对象"按钮。"阵列"对话框将关闭，程序将提示选择对象。

（8）单击"确定"按钮创建阵列。

4．创建环形阵列的步骤

（1）执行"阵列"命令。

（2）在"阵列"对话框中选择"环形阵列"。

（3）指定中点。执行以下操作之一：

- 输入环形阵列中点的 X 坐标值和 Y 坐标值。
- 单击"拾取中心点"按钮。"阵列"对话框将关闭，程序将提示选择对象。使用定点设备指定环形阵列的圆心。

（4）在"方法"框中，选择以下方法之一：

- 项目总数和填充角度。
- 项目总数和项目间的角度。
- 填充角度和项目间的角度。

（5）单击"选择对象"按钮。"阵列"对话框将关闭，程序将提示选择对象。选择要创建阵列的对象。

（6）输入项目数目（包括原对象）。

（7）单击"确定"按钮创建阵列，如图 3.15 所示。

图 3.15 创建环形阵列示意图

3.5.4 偏移（OFFSET）

> **命令方式**
>
> 修改工具栏：⌗
> 下拉菜单："修改"→"偏移"命令
> 命令窗口：OFFSET（O）

创建同心圆、平行线和平行曲线。按照指定的距离创建与选定对象平行或同心的几何对象。例如，如果偏移圆或圆弧，则会创建更大或更小的圆或圆弧，具体取决于指定为向哪一侧偏移。如果偏移多段线，将生成平行于原始对象的多段线。偏移命令用于实现平行复制对象，生成平行线或者同心圆等类似的图形。

执行偏移命令后，命令行提示信息如下：

```
命令：OFFSET
指定偏移距离或［通过(T)/删除(E)/图层(L)］<通过>：
                    //输入偏移距离或选择其他选项
选择要偏移的对象，或［退出(E)/放弃(U)］<退出>：
                    //选择偏移对象
指定要偏移的那一侧上的点，或［退出(E)/多个(M)/放弃(U)］<退出>：
                    //指定偏移方向
```

命令行各选项含义如下：

（1）通过（T）：指定偏移对象通过的点。

(2) 删除(E)：确定是否在偏移后删除源对象。

(3) 图层(L)：指定偏移对象的图层特性。

(4) 退出(E)：结束偏移命令。

(5) 放弃(U)：取消偏移命令。

【例3.4】　按偏移距离的方式偏移对象示例，如图3.16所示。

图3.16　在距现有对象指定的距离处创建对象偏移示意图

【例3.5】　指定通过点偏移对象示例，如图3.17所示。

图3.17　指定通过点偏移对象示例

3.5.5　移动(MOVE)

命令方式

修改工具栏：

下拉菜单："修改"→"移动"命令

命令窗口：MOVE(M)

从原对象以指定的角度和方向移动对象。使用坐标、栅格捕捉、对象捕捉和其他工具可以精确移动对象。移动命令用于将对象在指定的基点移动到另一个新的位置，移动过程中并不改变对象的尺寸和位置。

1. 使用两点移动对象的步骤

(1) 执行"移动"命令。

(2) 选择要移动的对象，按 Enter 键。

(3) 指定移动基点。

(4) 指定第二个点。选定的对象将由第一个点移到第二个点的位置。

2. 使用位移移动对象的步骤

(1) 执行"移动"命令。

(2) 选择要移动的对象。

(3) 以笛卡儿坐标值、极坐标值、柱坐标值或球坐标值的形式输入位移。

(4) 在输入第二个点提示下，按 Enter 键。坐标值将用作相对位移，而不是基点位置。

选定的对象将移动到由输入的相对坐标值位置。

3．移动对象操作示例

【**例 3.6**】　使用两点指定距离(如图 3.18 所示)。

使用由基点及后跟的第二点指定的距离和方向移动对象。在本例中,将移动代表窗口的块。选择要移动的对象 1。指定移动基点 2,然后指定第二点 3。将按照点 2 到点 3 的距离和方向移动对象。

【**例 3.7**】　使用拉伸一移动(如图 3.19 所示)。

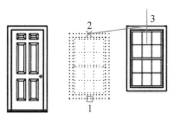

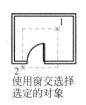
使用窗交选择
选定的对象

在打开"正交"
模式和直接距离
输入功能的情况
下移动门

结果

图 3.18　移动对象示意图　　　　　　图 3.19　使用拉伸一移动示意图

如果对象的所有端点都在选择窗口内部,还可以使用 STRETCH 命令移动对象。打开"正交"模式或极轴追踪可按特定的角度移动对象。实际样例是移动墙壁中的门。插图中的门完全位于窗交选择区域内,而墙线只有部分位于窗交选择区域内。

3.5.6　旋转(**ROTATE**)

> **命令方式**
>
> 修改工具栏: ⟳
> 下拉菜单:"修改"→"旋转"命令
> 命令窗口: ROTATE(RO)

可以绕指定基点旋转图形中的对象。要确定旋转的角度,请输入角度值,使用光标进行拖动,或者指定参照角度,以便与绝对角度对齐。旋转命令用于将对象按一定的角度进行旋转而不改变对象的大小。

1．旋转对象的步骤

(1)执行"旋转"命令。

(2)选择要旋转的对象。

(3)指定旋转基点。

(4)执行以下操作之一:

• 输入旋转角度。

• 绕基点拖动对象并指定旋转对象的终止位置点。

• 输入 c,创建选定对象的副本。

• 输入 r,将选定的对象从指定参照角度旋转到绝对角度。

2．按指定角度旋转对象

输入旋转角度值（0°～360°）。还可以按弧度、百分度或勘测方向输入值。输入正角度值可逆时针或顺时针旋转对象，具体取决于"图形单位"对话框中的基本角度方向设置。

3．旋转对象示例

【例3.8】 通过拖动旋转对象（如图3.20所示）。

绕基点拖动对象并指定第二点。为了更加精确，可使用"正交"模式、极轴追踪或对象捕捉。

例如，选择对象1，指定基点2并通过拖动到另一点3指定旋转角度来旋转房子的平面视图。

【例3.9】 旋转对象到绝对角度（如图3.21所示）。

选定的对象　　基点和旋转角度　结果　　　　　选定对象(1,2)　基点3，参照点　结果　　　　　　　　　　　　　　　　　　　　　　　　　　　　　　　　　(4,5)

图3.20　通过拖动旋转对象示意图　　　　图3.21　旋转对象到绝对角度示意图

使用"参照"选项，可以旋转对象，使其与绝对角度对齐。

例如，要旋转插图中的部件，使对角边旋转到90°，可以选择要旋转的对象（1，2），指定基点3，然后输入"参照"选项。对于参照角度，请指定对角线（4，5）的两个端点。对于新角度，请输入90。

3.5.7　延伸（EXTEND）

命令方式

修改工具栏：![extend icon]

下拉菜单："修改"→"延伸"命令

命令窗口：EXTEND(EX)

延伸命令是以图形中现有的图形对象为参照，扩展对象并与其他对象的边相接。

1．延伸对象的步骤

（1）执行"延伸"命令。

（2）选择作为边界边的对象。在选择完边界的边后，按Enter键。

（3）选择要延伸的对象，然后在选择完对象后，按Enter键。

2．延伸对象示例

【例3.10】 延伸对象命令（如图3.22所示）。

首先选择边界1，然后按Enter键。选择要延伸的对象2，要将所有对象用作边界，然后按Enter键。

【例3.11】 延伸对象命令(如图3.23所示)。

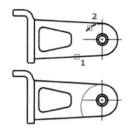

图3.22　延伸对象命令

选定的边界　　选定要延伸的对象　　结果

图3.23　延伸对象命令示意图

可以延伸对象,使它们精确地延伸至由其他对象定义的边界边。在此例中,将直线精确地延伸到由一个圆定义的边界边。

3.5.8　缩放(SCALE)

> **命令方式**
>
> 修改工具栏: 🔲
> 下拉菜单:"修改"→"比例"命令
> 命令窗口: SCALE(SC)

缩放(SCALE)图形可以将图形对象按给定的基点为缩放参照,放大或缩小一定比例,创建出与源对象成一定比例且形状相同的新图形对象。

执行缩放命令后,命令行提示信息如下:

选择对象:　　　　　　　 //选择要进行缩放的对象
指定基点:　　　　　　　 //指定缩放基点
指定比例因子 或 [复制(C)/参照(R)]<2.0000>:
　　　　　　　　　　　　 //输入比例因子或选择其他选项

1．各选项含义

(1)比例因子:按指定的比例缩放选定对象,大于1的比例因子使对象放大,在0和1之间的比例因子使对象缩小。

(2)复制(C):相对于一组对象进行缩放。

(3)参照(R):使用参照值作为比例因子缩放操作对象。

2．缩放对象的步骤

1)按比例因子缩放对象的步骤

(1)执行"缩放"命令。

(2)选择要缩放的对象。

(3)指定基点。

(4)输入比例因子或拖动并单击指定新比例。

2)利用参照缩放对象的步骤

(1)执行"缩放"命令。

(2)选择要缩放的对象。

(3)选择基点。

(4)输入 r(参照)。选择第一个和第二个参照点,或输入参照长度的值。

3.缩放对象示例

【例 3.12】 使用比例因子缩放对象(如图 3.24 所示)。

使用 SCALE 命令,可以将对象按统一比例放大或缩小。要缩放对象,请指定基点和比例因子。另外,根据当前图形单位,还可以指定要用作比例因子的长度。缩放可以更改选定对象的所有标注尺寸,比例因子大于 1 时将放大对象,比例因子介于 0 和 1 之间时将缩小对象。

【例 3.13】 将如图 3.25 所示的矩形进行缩放,将 AB 边长放大到 AC 长。

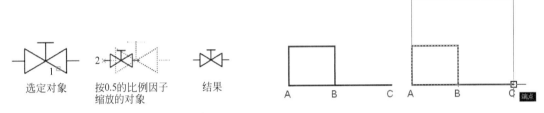

| 图 3.24 使用比例因子缩放对象示意图 | 图 3.25 用【参照(R)】缩放对象 |

```
命令:_scale                                      //选择矩形,如图 3.25 右图所示
选择对象:找到 1 个                                 //按回车结束选择
选择对象:                                        //捕捉图 3.25 中 A 点
指定基点:                                        //输入参照 R 选项
指定比例因子或[复制(C)/参照(R)]<3.0000>:r        //捕捉图 3.25 中 A 点
指定参照长度<391.2425>:                          //捕捉图 3.25 中 B 点
指定第二点:                                      //捕捉图 3.25 中 C 点
指定新的长度或[点(P)]<1.0000>:
```

3.5.9 修剪(TRIM)

命令方式

修改工具栏：

下拉菜单："修改"→"修剪"命令

命令窗口：TRIM(或 TR)

修剪(TRIM)命令用于沿指定的修剪边界修剪对象中的某些部分。通过修剪对象,使其精确地终止于由其他对象定义的边界。

1.执行命令行各选项含义

```
命令:_trim
当前设置:投影＝UCS,边＝无
选择剪切边…
```

选择对象或 <全部选择>:　　　　　//选择修剪参照边(原则上全选对象)
选择要修剪的对象,或按住 Shift 键选择要延伸的对象,
或 [栏选(F)/窗交(C)/投影(P)/边(E)/删除(R)/放弃(U)]:
　　　　　　　　　　　//单击需要剪切的对象或者选择其他选项

(1) 栏选(F):指定栏选点修剪图形对象。

(2) 窗交(C):通过指定窗交对角点修剪图形对象。

(3) 投影(P):确定修剪操作的空间。

(4) 边(E):确定修剪边的隐含延伸模式。

(5) 删除(R):确定要删除的对象。

(6) 放弃(U):取消上一次操作。

2. 修剪对象示例

【例 3.14】　通过修剪可以平滑地清除两墙壁相交处(如图 3.26 所示)。

【例 3.15】　对象既可以作为剪切边,也可以是被修剪的对象。如图 3.27 所示,在灯具图中,圆是构造线的一条剪切边,同时它也被修剪。

图 3.26　修剪对象示例 1　　　　　　　　　　　图 3.27　修剪对象示例 2

【例 3.16】　修剪若干个对象时,使用不同的选择方法有助于选择当前的剪切边和修剪本例对象。在本例中,剪切边是利用窗交选择选定的,如图 3.28 所示。

【例 3.17】　使用选择栏选择方法,选择一系列修剪对象(如图 3.29 所示)。

图 3.28　修剪对象示例 3　　　　　　　　　　　图 3.29　修剪对象示例 4

3.5.10　倒角(CHAMFER)

命令方式

修改工具栏:⬜

下拉菜单:"修改"→"倒角"命令

命令窗口:CHAMFER(CHA)

为了便于装配,并且保护零件表面不受损伤,一般在轴端、孔口、抬肩和拐角处加工出倒

角。在 AutoCAD 中,可以用倒角命令绘制倒角造型,将两条相交直线进行倒角或对多段线的多个顶点进行一次性倒角。

1. 执行命令行各选项含义

选择第一条直线或 [放弃(U)/多段线(P)/距离(D)/角度(A)/修剪(T)/方式(E)/多个(M)]:

　　　　　　　　　//选择要进行倒角的一条直线或进行倒角参数设置

选择第二条直线,或按住 Shift 键选择要应用角点的直线:

　　　　　　　　　//选择要进行倒角的另一条直线

命令行各选项含义如下:

(1) 放弃(U)——放弃倒角操作命令。

(2) 多段线(P)——对整个二维多段线的各个交叉点进行倒角操作。

(3) 距离(D)——设置选定边的倒角距离。

(4) 角度(A)——通过第一条线的倒角距离和第二条线的倒角角度决定倒角距离。

(5) 修剪(T)——确定倒角后是否对对象进行修剪。

(6) 方式(E)——确定是采用"距离"方式,还是"角度"方式作为倒角的默认方式。

(7) 多个(M)——同时对多个对象进行倒角操作。

2. 使用二维倒角和斜角的步骤

1) 创建一个由长度和角度定义的倒角(如图 3.30 所示)

倒角的大小由长度和角度定义。长度值根据两个选定对象或相邻的二维多段线线段的相交点,来定义倒角的第一条边,而角度值用于定义倒角的第二条边。

(1) 执行"倒角"命令。

(2) 在命令提示下,输入 a(角度)。

(3) 在第一条直线上输入新的倒角长度。

(4) 输入距第一条直线的新倒角角度。

(5) 输入 e(方法),然后输入 a(角度)。

(6) 在绘图区域的二维多段线中,选择第一个对象或相邻线段。

注意:可以选择直线、射线或参照线。

(7) 选择第二个对象或二维多段线中的相邻线段。

注意:如果第二条选定线段不与第一条线段相邻,则所选段之间的线段将被删除并替换为倒角。

2) 创建由两个距离定义的倒角(如图 3.31 所示)

倒角距离的大小由两个长度值定义。这两个长度值根据两个选定对象或相邻的二维多段线线段的相交点,来定义倒角的第一条和第二条边。

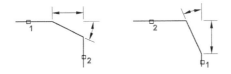 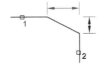 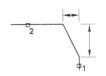

图 3.30　创建一个由长度和角度定义的倒角示意图　　图 3.31　创建由两个距离定义的倒角示意图

（1）执行"倒角"命令。

（2）在命令提示下，输入 d（距离）。

（3）为第一个倒角距离输入一个新值。

（4）为第二个倒角距离输入一个新值。

（5）输入 e（方法），然后输入 d（距离）。

（6）在绘图区域的二维多段线中，选择第一个对象或相邻线段。

3）在不修剪的情况下对线或线段进行倒角

（1）执行"倒角"命令。

（2）在命令提示下，输入 t（修剪）。

（3）输入 n（不修剪）。

（4）在绘图区域的二维多段线中，选择对象或相邻线段。

4）对二维多段线中的所有线段进行倒角

（1）执行"倒角"命令。

（2）在命令提示下，输入 p（多段线）。

（3）在绘图区域中，选择一条多段线，或输入一个选项来定义倒角的大小。

（4）在输入选项时，为该选项提供值，再选择二维多段线。

3．使用二维倒角示例

【例 3.18】 修剪模式：控制是否修剪选定对象以与倒角线的端点相交（如图 3.32 所示）。

原图形　　　　倒角后不修剪　　　倒角后修剪

图 3.32　修剪模式示意图

【例 3.19】 设置距第一个对象和第二个对象的交点的倒角距离（如图 3.33 所示）。

【例 3.20】 角度（如图 3.34 所示）。

设置距选定对象的交点的倒角距离，以及与第一个对象或线段所成的 XY 角度。

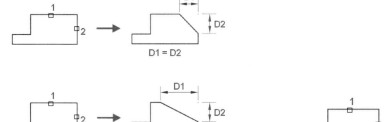

图 3.33　使用二维倒角示例 2

图 3.34　使用二维倒角示例 3

3.5.11　圆角(FILLET)

> **命令方式**
>
> 修改工具栏：▛
> 下拉菜单："修改"→"圆角"命令
> 命令窗口：FILLET

圆角命令用于将两条相交直线进行倒圆或对多段线的顶点进行一次性倒圆。该命令可以用于直线、多段线和样条曲线等。

1. 命令行提示及各选项含义

命令：FILLET
选择第一个对象或[放弃(U)/多段线(P)/半径(R)/修剪(T)/多个(M)]：
　　　　　　　　　　　　　//选择要圆角的一个对象
选择第二个对象或按住 Shift 键选择要应用角点的对象：
　　　　　　　　　　　　　//选择要圆角的另一个对象

(1) 放弃(U)：放弃圆角操作命令。

(2) 多段线(P)：对整个二维多段线的相邻边进行圆角操作。

(3) 半径(R)：输入连接圆角的圆弧半径。

(4) 修剪(T)：控制系统是否修剪选定的边使其延伸到圆角端点。

(5) 多个(M)：用于对多个对象进行圆角操作。

注意：对平行线倒圆角，系统自动以平行线的距离作为倒圆角直径的值，设置的半径值无效，如图 3.35 所示。

2. 使用二维圆角和外圆角的步骤

圆角半径确定由 FILLET 命令创建的圆弧的大小，该圆弧用于连接两个选定对象或二维多段线中的线段(如图 3.36 所示)。在更改圆角半径之前，它将应用于所有后续创建的圆角。

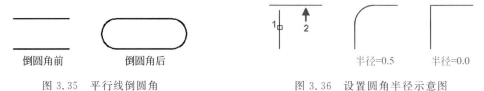

图 3.35　平行线倒圆角　　　　图 3.36　设置圆角半径示意图

(1) 执行"圆角"命令。

(2) 在命令提示下，输入 r(半径)。

(3) 输入新的圆角半径值。

在设置圆角半径后，选择用于定义生成圆弧的切点的对象或直线段，或按 Enter 键结束命令。

提示：选择对象或线段时按住 Shift 键，以替代当前值为 0 的圆角半径。

3．圆角示例

【例 3.21】　圆角或圆形通过二维相切圆弧连接两个对象，或者在三维实体的相邻面之间创建圆形过渡，如图 3.37 所示。

内角点称为圆角，外角点称为外圆角；这两种圆角均可使用 FILLET 命令创建。

【例 3.22】　将圆角或外圆角添加到二维多段线，如图 3.38 所示。

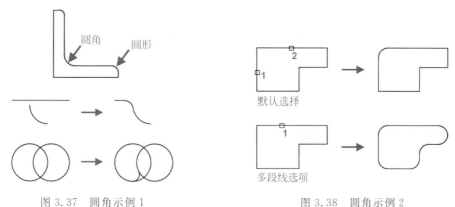

图 3.37　圆角示例 1　　　　　　　　　图 3.38　圆角示例 2

可以使用单个命令将圆角或外圆角插入二维多段线的单个顶点或所有顶点。使用"多段线"选项将圆角或外圆角添加到多段线的每个顶点。

【例 3.23】　外圆角平行线（如图 3.39 所示）。

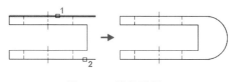

图 3.39　圆角示例 3

可以创建相切于两条平行线、射线或参照线的圆角。当前圆角半径将被忽略，并调整为两个选定对象之间的距离。选定对象必须位于同一平面。

第一个选定的对象必须是直线或射线，第二个对象可以是直线、射线或参照线。

【例 3.24】　修剪和延伸对象（如图 3.40 所示）。

图 3.40　圆角示例 4

默认情况下，用于定义圆角或外圆角的选定对象将被修剪或延伸到生成的圆弧。可以使用"修剪"选项指定是更改选定的对象还是不作更改。

如果"修剪"选项处于启用状态，并且多段线的两条线段处于选中状态，则添加的圆角或外圆角将与多段线连接作为圆弧段。

3.5.12 拉伸(STRETCH)

> **命令方式**
>
> 修改工具栏：📄
> 下拉菜单："修改"→"拉伸"命令
> 命令窗口：STRETCH

拉伸命令用于按指定的方向和角度拉长或缩短实体。在 AutoCAD 中叫被拉伸的对象有直线、圆弧、多段线、样条曲线等，而块、圆和图块不能被拉伸。

1. 命令行提示及各选项含义如下

命令: _stretch
以交叉窗口或交叉多边形选择要拉伸的对象…
选择对象: //用交叉窗口方式选择拉伸对象
选择对象: //按 Enter 键结束拉伸对象选择
指定基点或 [位移(D)] <位移>:   //指定拉伸的基点和位移
指定第二个点或 <使用第一个点作为位移>:   //指定第二点以确定位移大小

只能用交叉窗口方式选择拉伸对象，当所选对象的几何中心位于选取框中时，所选对象是移动不是拉伸，当选择的范围不一样时，拉伸结果也不一样。

2. 拉伸对象的步骤

(1) 执行"拉伸"命令。

(2) 使用交叉窗口选择选择对象，交叉窗口必须至少包含一个顶点或端点。

(3) 执行以下操作之一：

• 以相对笛卡儿坐标、极坐标、柱坐标或球坐标的形式输入位移。无须包含@符号，因为相对坐标是假设的。提示输入第二位移点时，按 Enter 键。

• 指定拉伸基点，然后指定第二点，以确定距离和方向。拉伸至少有一个顶点或端点包含在交叉窗口内部的任何对象。将移动(而不是拉伸)完全包含在交叉窗口中的或单独选择的所有对象。

3. 拉伸对象示例

【例 3.25】 使用 STRETCH，可以重定位穿过或在窗交选择窗口内的对象的端点，如图 3.41 所示。

• 将拉伸部分包含在窗选内的对象。

• 将移动(而不是拉伸)完全包含在窗选内的对象或单独选定的对象。

首先指定一个基点，然后指定位移点可以拉伸对象。

可使用对象捕捉、栅格捕捉和相对坐标输入来精确拉伸。

【例 3.26】 对零件线进行拉伸操作的示例如图 3.42 所示。

拉伸命令在修改系列零件产品图形时很有用。为简便操作，最好标注采用测量值，剖面绘制要选择"关联"选项。

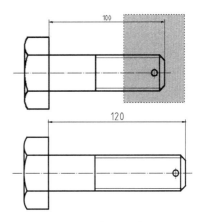

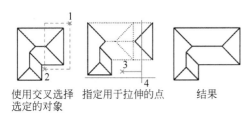

| 使用交叉选择
选定的对象 | 指定用于拉伸的点 | 结果 |

图 3.41　拉伸对象示例　　　　　　　　图 3.42　零件线拉伸操作

3.5.13　打断(BREAK)

命令方式

修改工具栏：🖵

下拉菜单："修改"→"打断"命令

命令窗口：BREAK(BR)

打断命令用于将对象从某一点处断开分成两部分或删除对象的某一部分。

1. 命令行提示信息

命令: BREAK

选择对象:　　　　　　　　　　　　　//选择打断对象,此时选择点将被当作第一断点

指定第二个打断点 或 [第一点(F)]:　　//选择另一断点或者选择其他选项

2. 打断对象的步骤

(1)执行"打断"命令。

(2)选择要打断的对象。默认情况下,在其上选择对象的点为第一个打断点。要选择其他断点对,请输入 f(第一个),然后指定第一个断点。

(3)指定第二个打断点。要打断对象而不创建间隙,请输入@0,0 以指定上一点。

3. 打断对象示例

【例 3.27】　如图 3.43 所示。在两点之间打断选定对象。可以在对象上的两个指定点之间创建间隔,从而将对象打断为两个对象。如果这些点不在对象上,则会自动投影到该对象上。BREAK 通常用于为块或文字创建空间。

图 3.43　打断对象示例1

【例 3.28】　如图 3.44 所示。使用 BREAK 在对象上创建一个间隙,这样将产生两个对象,对象之间具有间隙。

【例 3.29】　如图 3.45 所示。从圆或圆弧上打断某一部分时,系统默认将第一点到第二点之间的逆时针方向的圆弧删除。

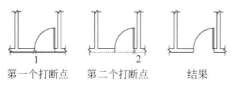

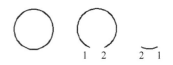

图 3.44 打断对象示例 2

图 3.45 打断圆时第一点第二点的选择对结果的影响

3.5.14 拉长(LENGTHEN)

命令方式

修改工具栏：

下拉菜单："修改"→"拉长"命令

命令窗口：LENGTHEN(LEN)

拉长命令用于延长和缩短直线、多段线、样条曲线、圆弧、椭圆弧和非封闭的曲线。

1. 命令行提示信息

命令：LENGTHEN

选择对象或[增量(DE)/百分数(P)/全部(T)/动态(DY)]：

　　　　　　　　　　//选择要进行拉长的对象或者选择其他选项

(1) 增量(DE)：通过输入增量来延长或缩短对象。

(2) 百分数(P)：以总长的百分比方式来改变直线长度，以圆弧总角度的百分比修改圆弧角度。

(3) 全部(T)：通过指定固定端点间总长度的绝对值设置选定对象的长度。

(4) 动态(DY)：根据被拖动的端点位置改变来确定对象的长度。

2. 拉长对象的步骤

(1) 执行"拉长"命令。

(2) 输入 dy(动态拖动模式)。

(3) 选择要拉长的对象。

(4) 拖动端点接近选择点，指定一个新端点。

3. 拉长对象的示例

【例 3.30】 长度差值。以指定的增量修改对象的长度，如图 3.46 所示。

【例 3.31】 角度。以指定的角度修改选定圆弧的包含角，如图 3.47 所示。

图 3.46 拉长对象示例 1　　　　　　图 3.47 拉长对象示例 2

【例3.32】　全部。如图3.48所示,通过指定从固定端点测量的总长度的绝对值来设定选定对象的长度。"全部"选项也按照指定的总角度设置选定圆弧的包含角。

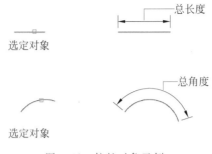

图3.48　拉长对象示例3

3.6　使用夹点编辑对象

在AutoCAD中夹点是一种集成的编辑模式,提供了一种方便快捷的编辑操作途径。例如,使用夹点可以对对象进行拉伸、移动、旋转、缩放及镜像等操作,如图3.49所示。

1. 使用夹点编辑对象的步骤

(1) 选择要编辑的对象。

(2) 执行以下一项或多项操作:

• 选择并移动夹点来拉伸对象。

注意:对于某些对象夹点(例如,块参照夹点),拉伸操作将移动对象而不是拉伸它。

• 按Enter键或空格键循环到移动、旋转、缩放或镜像夹点模式,或在选定的夹点上单击鼠标右键以查看快捷菜单,该菜单包含所有可用的夹点模式和其他选项。

• 将光标悬停在夹点上以查看和访问多功能夹点菜单(如果有),然后按Ctrl键循环浏览可用的选项。

(3) 移动定点设备并单击。

提示:要复制对象,请按住Ctrl键,直到单击以重新定位该夹点。

2. 具有多功能夹点的对象

下列对象具有多功能夹点(如图3.49所示),可提供特定于对象(在某些情况下,特定于夹点)的选项:

(1) 二维对象:直线、多段线、圆弧、椭圆弧、样条曲线和图案填充对象。

(2) 注释对象:标注对象和多重引线。

(3) 三维实体:三维面、边和顶点。

3. 夹点编辑示例

【例3.33】　图3.50中,对象的特征点上出现蓝色方块,称该点为冷点。单击冷点会变成红色的方块,称该点为温点,此时可对选中的对象进行夹点编辑操作。

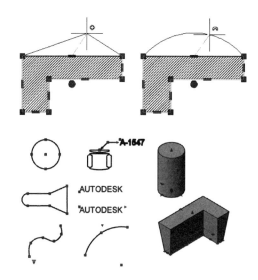

图 3.49　具有多功能夹点的对象示意图

夹点编辑提示:

** 拉伸 **
指定拉伸点或[基点(B)/复制(C)/放弃(U)/退出(X)]:

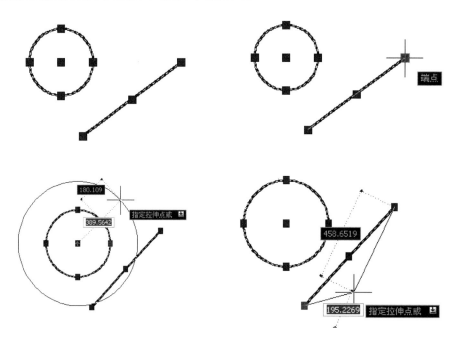

图 3.50　使用夹点编辑对象实例

　　注意:使用 Shift 键实现多个夹点拉伸。在选择要编辑的对象后,可以按下 Shift 键的同时,依次单击要拉伸的多个夹点,同时激活多个夹点,默认显示为红色,再用鼠标单击其中一个基准夹点,移动鼠标至合适位置后单击。

　　如图 3.51 所示,快捷地将矩形拉伸成平行四边形、梯形。

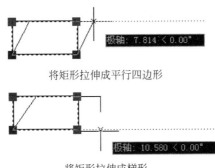

将矩形拉伸成平行四边形

将矩形拉伸成梯形

图 3.51　实现多个夹点拉伸

习　题　3

1. 选择对象有哪些方法？如何操作和使用？
2. 夹点编辑包括哪些功能？如何使用？
3. 矩形阵列的行间距和列间距是什么含义？
4. 倒角命令操作中的"距离(D)/角度(A)"是什么含义？
5. 倒圆角操作时,应该如何设置圆角半径？
6. 修剪命令操作时,可以一次性选中所有的剪切边吗？如果可以,如何操作？
7. 用镜像命令可以复制对象吗？什么情况下使用比较合适？
8. 偏移命令可以复制对象吗？什么情况下使用偏移命令操作？

平面编辑命令操作演示

第4章 AutoCAD 平面图绘制及案例

本 章 概 要

用 AutoCAD 软件进行设计时,要充分理解软件所提供的丰富的操作命令,并能够融会贯通灵活使用,这样就可以准确快速地完成图形设计。本章通过案例,详细介绍运用 AutoCAD 软件丰富的绘图和编辑命令绘制平面图的基本过程和操作技巧。通过本章内容的深入学习,可以掌握 AutoCAD 平面图绘制。

一般来说,AutoCAD 绘图过程有如下几个步骤:

(1) 绘图设置(设置图幅、图层、线型、捕捉状态);

(2) 绘制图形(用绘图命令);

(3) 编辑图形(用编辑命令);

(4) 保存图形;

(5) 出图\退出绘图状态。

平面图绘制基本操作演示

4.1 绘 图 设 置

设置图幅及栅格的显示界限的步骤如下:

(1) 打开 AutoCAD 软件,单击"开始绘图"按钮,如图 4.1 所示。

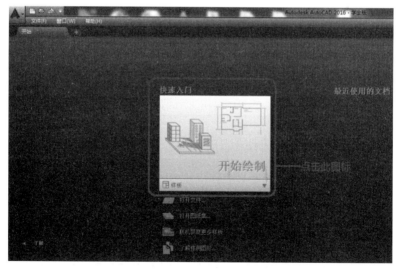

图 4.1 打开 AutoCAD 软件"开始绘图"

(2) 依次单击"格式"工具栏"图形界限"按钮,如图 4.2 所示。

(3) 输入位于栅格界限左下角的点的坐标,输入位于栅格界限右上角的点的坐标。

图 4.2　"格式"菜单设置图形界限示意图

4.2　使用捕捉、栅格和正交

在绘制图形时,用户可以移动光标来指定任意点的位置,也可以利用输入点坐标的方法精确指定某一点的位置。但在绘制图形的过程中,经常需要确定很多精确的点,如果都通过输入点坐标的方法来确定,就会显得非常麻烦,因此,AutoCAD 为用户提供了捕捉、栅格和正交功能,帮助用户快速准确地绘制图形。

栅格是点或线的矩阵,遍布指定为栅格界限的整个区域。使用栅格类似于在图形下放置一张坐标纸。利用栅格可以对齐对象并直观显示对象之间的距离。

捕捉模式用于限制十字光标,使其按照用户定义的间距移动。当"捕捉"模式打开时,光标似乎附着或捕捉到不可见的栅格。捕捉模式有助于精确地定位点。"栅格"模式和"捕捉"模式各自独立,但经常同时打开。

4.2.1　设置栅格与捕捉

设置栅格与捕捉的工具按钮在 AutoCAD 操作界面的下方的状态栏中,如图 4.3 所示。

图 4.3　设置栅格的工具栏按钮

（1）单击"栅格"工具栏按钮，可打开或关闭栅格显示功能。

（2）把鼠标放在"栅格"工具栏按钮右击，出现"网格设置"选项卡。

（3）单击"网格设置"选项卡，出现如图 4.4 所示的"草图设置"对话框。

图 4.4　"草图设置"对话框

4.2.2　栅格捕捉

打开栅格与捕捉功能后，光标指针就只能停留在各栅格点上，这样用户每移动一下光标，指针就会以固定的位移量和角度进行移动。用户还可以在命令行中输入命令 SNAP 来打开或关闭捕捉模式。

4.2.3　正交功能

利用正交功能，用户可以在绘图过程中方便地绘制出水平或垂直的直线，而且光标的移动也只能是在水平或垂直方向上。单击"状态"工具栏"正交"按钮可以打开正交功能。

4.3　使用对象捕捉

在绘制图形的过程中，用户经常会以图形中已经存在的对象上的某个点作为下一个对象的起点、中间点或终点，但精确地拾取这些点非常麻烦。在 AutoCAD 中，系统提供了多种捕捉模式，可以有效地帮助用户捕捉这些点。使用执行对象捕捉设置（也称为执行对象捕捉），可以在对象上的精确位置指定捕捉点。

设置对象捕捉可采用两个方法。

方法一：在 AutoCAD 操作界面下面的工具栏，单击"对象捕捉"按钮，出现"草图设置"对话框如图 4.5 所示。

方法二：选择菜单"工具"→"工具栏"→AutoCAD→"对象捕捉"，此时出现"对象捕捉"工具栏，如图 4.6 所示。

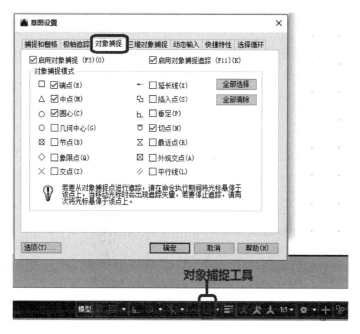

图 4.5　设置"对象捕捉"方法一

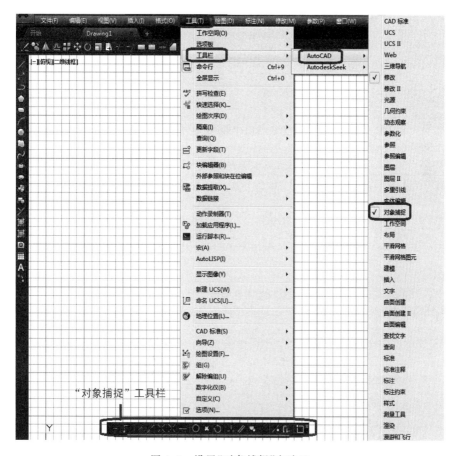

图 4.6　设置"对象捕捉"方法二

"对象捕捉"选项列表及功能示意图列表如表 4.1 和表 4.2 所示。

表 4.1　对象捕捉选项列表

功 能 名 称	说　明
启用对象捕捉	控制所有指定的对象捕捉处于打开状态还是关闭状态(OSMODE 系统变量)
启用对象捕捉追踪	使用对象捕捉追踪,在命令中指定点时,光标可以沿基于当前对象捕捉模式的对齐路径进行追踪(AUTOSNAP 系统变量)

表 4.2　对象捕捉选项功能示意图列表

对象捕捉模式	说明及示意图	
端点	捕捉到几何对象的最近端点或角点	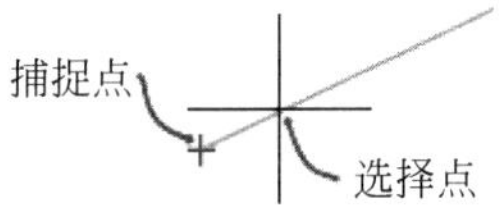
中点	捕捉到几何对象的中点	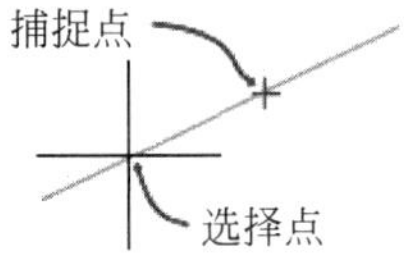
中心点	捕捉到圆弧、圆、椭圆或椭圆弧的中心点	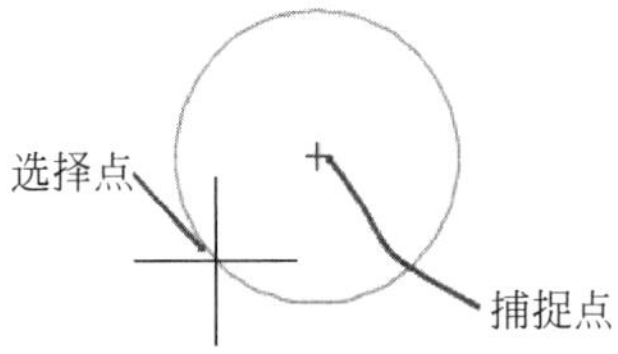
几何中心	捕捉到任意闭合多段线和样条曲线的质心	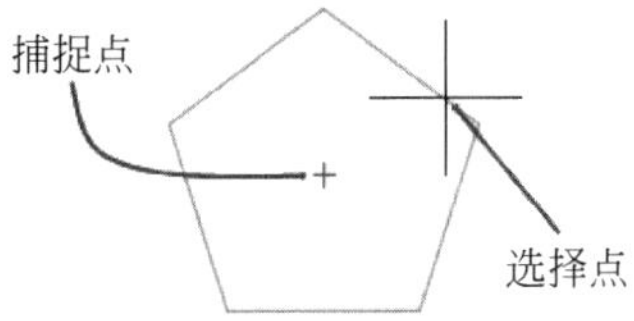
节点	捕捉到点对象、标注定义点或标注文字原点	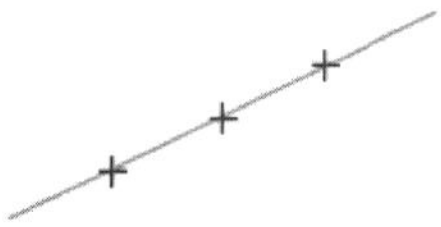
象限	捕捉到圆弧、圆、椭圆或椭圆弧的象限点	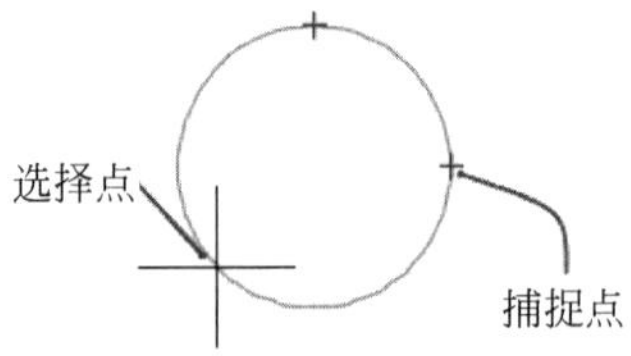
交点	捕捉到几何对象的交点	交点和延伸交点不能和三维实体的边或角点一起使用。 注:如果执行对象捕捉的"交点"和"外观交点"处于启用状态,结果可能会有所不同
延伸	当光标经过对象的端点时,显示临时延长线或圆弧,以便用户在延长线或圆弧上指定点	在透视图中进行操作时,不能沿圆弧或椭圆弧的延伸线进行追踪
插入点	捕捉到对象(如属性、块或文字)的插入点	—

对象捕捉模式	说明及示意图	
垂足	捕捉到垂直于选定几何对象的点	
切点	捕捉到圆弧、圆、椭圆、椭圆弧、多段线圆弧或样条曲线的切点	
最近点	捕捉到对象的最近点	—
外观交点	捕捉在三维空间中不相交但在当前视图中看起来可能相交的两个对象的视觉交点	—
平行	可以通过悬停光标来约束新直线段、多段线线段、射线或构造线以使其与标识的现有线性对象平行	注：使用平行对象捕捉之前，须关闭 ORTHO 模式
全部选择	打开所有执行对象捕捉模式	—
全部清除	关闭所有执行对象捕捉模式	—

4.4　利用点过滤器

可以使用坐标过滤器从现有对象上的位置一次提取一个坐标值。

坐标过滤器使用第一个位置的 X 值、第二个位置的 Y 值和第三个位置的 Z 值来指定新的坐标位置。与对象捕捉一起使用时，坐标过滤从现有对象提取坐标值。

仅当程序提示输入点时，坐标过滤器才生效。如果试图在命令提示下使用坐标过滤器，则将显示错误信息。也可以使用快捷菜单。在提示要求得到一个点坐标时，先按下 Shift 键后单击鼠标右键，如图 4.7 所示。

图 4.7　点过滤器快捷菜单示意图

【例 4.1】 利用点过滤器绘制如图 4.8 所示的定位孔。

定位面的孔位于矩形的中心,这是通过从定位面的水平直线段和垂直直线段的中点提取出 x,y 坐标而实现的。点过滤器命令的执行如图 4.9 所示。

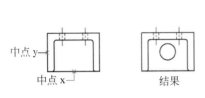

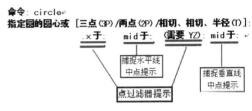

图 4.8 利用点过滤器绘制图形　　　　　图 4.9 点过滤器命令执行示意图

4.5　使用自动追踪

使用自动追踪功能可以帮助用户按指定角度或与其他对象的特殊关系来确定点的位置。自动追踪功能分为极轴追踪和对象追踪两种。

(1) 极轴追踪:按事先给定的角度增量来追踪点。

(2) 对象追踪:按与对象的某种特定关系进行追踪,该模式必须与对象捕捉配合使用才能起作用。

设置极轴追踪方法如下:

在 AutoCAD 操作界面下面的工具栏,单击"极轴追踪设置"按钮,出现"草图设置"对话框如图 4.10 所示。

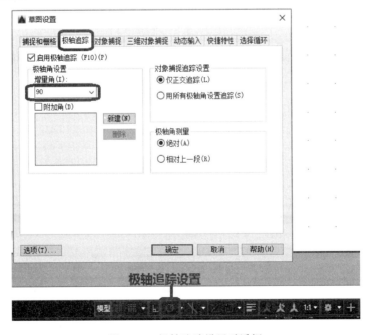

图 4.10　极轴追踪设置对话框

【例 4.2】　利用自动追踪绘制图 4.11 中的 E 点。

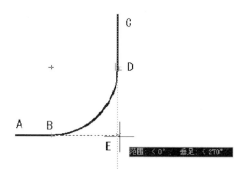

图 4.11　利用自动追踪绘图

通过追踪直线 AB 和 CD,确定 E 点。

注意:对象追踪必须与对象捕捉同时工作。即在追踪到对象捕捉点前必须打开"对象捕捉"功能。

4.6　AutoCAD 图层设置、特性

绘制的每个对象都具有一定特性。有些特性是基本特性,适用于多数对象,例如图层、颜色、线型和打印样式;有些特性是专用于某个对象的特性;例如圆的特性包括半径和面积,直线的特性包括长度和角度。图层是用于在图形中按功能或用途组织对象的主要方法。通过隐藏此刻不需要看到的信息,图层可以降低图形的视觉复杂程度,并提高显示性能。

开始绘制之前,创建一组图层将有助于后期的工作。例如,在设计房屋平面图中,可以创建基础、楼层平面、门、装置、电气等图层。

4.6.1　使用图层特性管理器管理图层

使用图层特性管理器可以创建、重命名和删除图层,也可以设置当前图层(新对象将自动在其中创建)并为该图层上的对象指定默认特性。例如,如果对象的颜色特性设定为"BYLAYER",则对象将显示该图层的颜色。

使用图层特性管理器,可以设置图层上的对象是显示还是隐藏;可控制是否打印图层上的对象;可以设置图层是否锁定以避免编辑,也可以控制布局视口的图层显示特性、对图层名进行排序、过滤和分组等。

除了图层特性管理器,还可以在功能区的"常用"选项卡中,访问"图层"面板上的图层工具(如图 4.12 所示)。

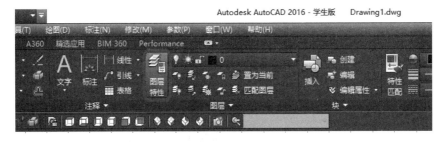

图 4.12　图层特性管理器示意图

1. 当前图层(如图 4.13 所示)

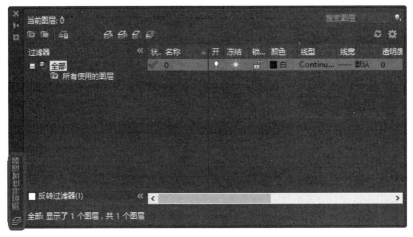

图 4.13　当前图层示意图

2. 控制图层可见性(如图 4.14 所示)

图 4.14　控制图层可见性

可以采用如下两种方法控制图层上对象的可见性。

(1) 打开/关闭图层。

(2) 通过冻结/解冻图层。

冻结和解冻图层类似于将其关闭和打开。在处理具有大量图层的图形时,冻结不需要的图层可以提高显示和重新生成的速度。例如,在执行"范围缩放"期间将不考虑冻结层上的对象。

3. 锁定图层

可以通过锁定选定图层来防止这些图层上的对象被意外修改。将光标悬停在锁定图层中的对象上时,对象显示为淡入并显示一个小锁图标。

4. 图层过滤器

有时,图形可以包含数十甚至数百个图层。图层过滤器可限制图层名在图层特性管理器中以及功能区的"图层"控件中的显示。可以根据名称、颜色和其他特性创建图层特性过滤器。例如,可以定义一个特性过滤器,用于列出图层名称中包含字母"mech"并设置为红色的所有图层。

4.6.2 使用图层的步骤

使用图层特性管理器,可以创建、重命名和删除图层等,还可更改图层特性(例如颜色、线型、线宽和透明度)等。

1. 创建图层

(1) 在图层特性管理器中,单击"新建图层"选项卡。图层名将添加到"图层"列表中。

(2) 在亮显的图层名上输入新图层名。

(3) 对于具有多个图层的复杂图形,可以在"描述"列中输入描述性文字。

(4) 通过在每一列中单击,指定新图层的设置和默认特性。

2. 重命名图层

(1) 在图层特性管理器中,单击选择一个图层。

(2) 单击"图层名"按钮或按 F2 键。

(3) 输入新的名称。

3. 删除图层

(1) 在图层特性管理器中,单击以选择一个图层。

(2) 单击"删除图层"按钮。

4. 更改指定图层的特性

(1) 在要更改的图层列中单击当前设置。将显示对应该特性的对话框。

(2) 选择要使用的设置。

4.7 基于案例的 AutoCAD 实践

4.7.1 案例1:绘制如图 4.15 所示的二维图

1. 知识点提示

(1) 熟悉 AutoCAD 软件操作界面,练习基本操作;

(2) 掌握 AutoCAD 软件中鼠标操作;

案例1绘制操作演示

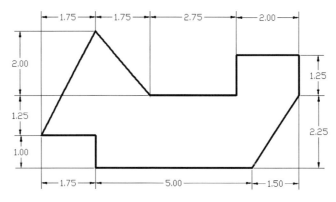

图 4.15　案例 1 示意图

(3) 理解并掌握直角坐标概念,输入直角坐标方式为(X,Y);

(4) 理解并掌握相对坐标概念,输入相对直角坐标方式为(@X,Y)。

2．绘图分析

(1) 本图形由直线构成,主要用绘制直线方法,通过输入相对直角坐标完成。

(2) 为方便描述,确定图形中的点分别为 A~J。绘制直线时,确定 A 点可以用鼠标在绘图区确定,其余各点都是通过输入相对于上一点的相对坐标完成(如图 4.16 所示)。

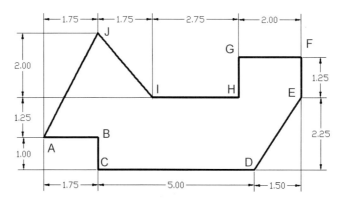

图 4.16　相对坐标分析示意图

(3) 各个点的相对坐标如下:

A:起始点。可输入绝对坐标,也可以用鼠标在绘图区确定(单击)。

其余各点的相对坐标为:

B(@1.75,0);C(@0,-1);D(@5,0); E(@1.5,2.25); F(@0,1.25);

G(@-2,0);H(@0,-1.25);I(@-2.75,0);J(@-1.75,2)。

3．具体步骤

步骤 1:设置绘图工作环境。

(1) 设置图形界限。

操作方法:选择菜单"格式"→"图形界限"命令,如图 4.17 所示。

设置图形参数为:左下角点(0,0);右上角点(20,20)。

图 4.17　图形界限设置示意图

命令行显示及操作参数如图 4.18 所示。

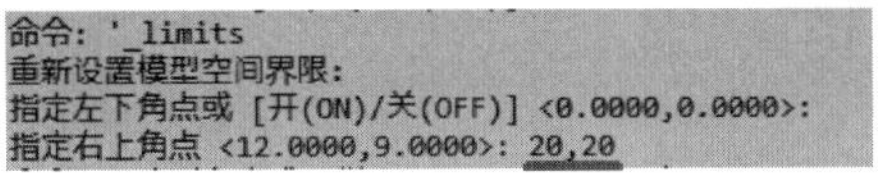

图 4.18　命令操作示意图

（2）设置图形栅格。

单击 AutoCAD 界面下面状态栏的"图形栅格"按钮，如图 4.19 所示。

图 4.19　栅格设置示意图

在状态栏的"图形栅格"按钮处右击，出现"网格设置"按钮，如图 4.20 所示。

图 4.20　网格设置示意图

单击"网格设置"按钮，出现"草图设置"对话框，设置参数如图 4.21 所示。

图 4.21　草图设置示意图

(3) 打开"栅格"并使栅格居中。

在"命令："提示下，输入"Z"并按 Enter 键，再输入命令"a"（字母）并再次按 Enter 键。命令行操作及提示如图 4.22 所示。

命令: Z
ZOOM
指定窗口的角点，输入比例因子 (nX 或 nXP)，或者
[全部(A)/中心(C)/动态(D)/范围(E)/上一个(P)/比例(S)/窗口(W)/对象(O)] <实时>: a
正在重生成模型。

图 4.22　栅格居中命令示意图

步骤 2：用画直线命令完成绘图。

选择菜单"绘图"→"直线"命令，如图 4.23 所示。

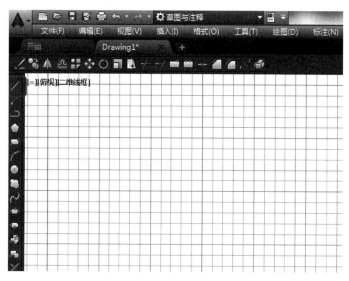

图 4.23　绘图工具栏(直线)命令

根据命令行提示,依次输入相对坐标,如图 4.24 所示。

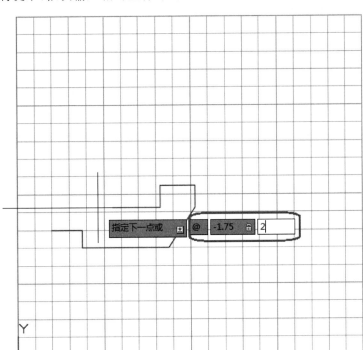

图 4.24 绘直线输入相对坐标示意图

命令操作和提示如图 4.25 所示。操作结果如图 4.26 所示。

```
命令:
命令: _line
指定第一个点:
指定下一点或 [放弃(U)]: @1.75,0
指定下一点或 [放弃(U)]: @0,-1
指定下一点或 [闭合(C)/放弃(U)]: @5,0
指定下一点或 [闭合(C)/放弃(U)]:
>>输入 ORTHOMODE 的新值 <0>:
正在恢复执行 LINE 命令。
指定下一点或 [闭合(C)/放弃(U)]: @1.5,2.25
指定下一点或 [闭合(C)/放弃(U)]:
>>输入 ORTHOMODE 的新值 <0>:
正在恢复执行 LINE 命令。
指定下一点或 [闭合(C)/放弃(U)]: @0,1.25
指定下一点或 [闭合(C)/放弃(U)]: @-2,0
指定下一点或 [闭合(C)/放弃(U)]: @0,-1.25
指定下一点或 [闭合(C)/放弃(U)]:
>>输入 ORTHOMODE 的新值 <0>:
正在恢复执行 LINE 命令。
指定下一点或 [闭合(C)/放弃(U)]: @-2.75,0
指定下一点或 [闭合(C)/放弃(U)]:
>>输入 ORTHOMODE 的新值 <0>:
正在恢复执行 LINE 命令。
指定下一点或 [闭合(C)/放弃(U)]: @-1.75,2
指定下一点或 [闭合(C)/放弃(U)]:
命令:
LINE
```

图 4.25 绘直线命令行提示

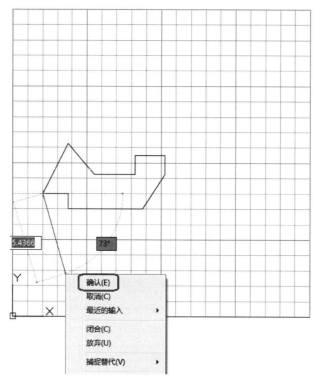

图 4.26　绘直线结束时"确认"

4.7.2　案例 2：圆角、复制、阵列操作(见图 4.27)

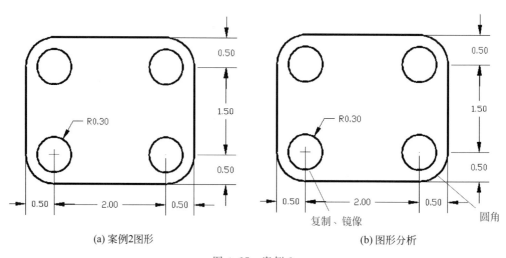

(a) 案例2图形　　　　　　　　　(b) 图形分析

图 4.27　案例 2

1. 知识点提示

(1) 练习基本操作；

(2) 掌握相对坐标画矩形的方法；

(3) 掌握倒圆角命令的操作；

案例 2 绘制操作演示

（4）掌握捕捉圆心的方法和操作；

（5）掌握复制、镜像、矩形阵列命令及操作。

2．绘图分析（如图 4.27(b)所示）

（1）先画矩形，再通过对矩形图 4 个角进行倒圆角操作。

（2）绘制矩形里面的 4 个圆，可采用复制、镜像、矩形阵列等方法完成。

3．具体步骤

步骤 1：设置绘图工作环境。

（1）设置绘图区域：10,10。

（2）设置极轴追踪："极轴"状态按钮为打开状态。

（3）设置栅格间距为 1。

（4）打开栅格并使栅格居中。命令：Z,(按 Enter 键),A(按 Enter 键)

命令操作及提示如图 4.28 所示。

```
命令：' limits
重新设置模型空间界限：
指定左下角点或 [开(ON)/关(OFF)] <0.0000,0.0000>：
指定右上角点 <12.0000,9.0000>：10,10
命令：  选项卡索引 <0>：
命令：Z
ZOOM
指定窗口的角点，输入比例因子 (nX 或 nXP)，或者
[全部(A)/中心(C)/动态(D)/范围(E)/上一个(P)/比例(S)/窗口(W)/对象(O)] <实时>：a
正在重生成模型。
```

图 4.28　操作示意图

步骤 2：绘制矩形、对矩形倒圆角。

相关工具栏命令如图 4.29 所示。

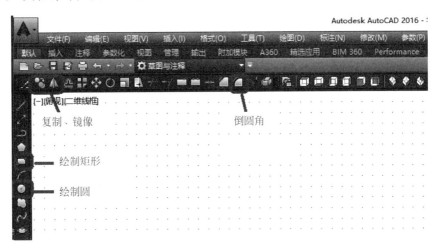

图 4.29　工具栏命令示意图

（1）用画矩形命令绘制(3×2.5)矩形。

（2）用倒圆角命令：设置圆角半径为 0.5(如图 4.30 所示)。

（3）画半径 R 为 0.3 的圆，用圆心捕捉方法捕捉圆角圆心(如图 4.31 所示)。

（4）用复制命令完成其余 3 个圆的绘制(如图 4.32 所示)。

（5）也可改用镜像命令完成其余 3 个圆的绘制(如图 4.33 所示)。

```
命令:
命令: _rectang
指定第一个角点或 [倒角(C)/标高(E)/圆角(F)/厚度(T)/宽度(W)]:
指定另一个角点或 [面积(A)/尺寸(D)/旋转(R)]: @3,2.5
命令:
命令: _fillet
当前设置: 模式 = 修剪, 半径 = 0.0000
选择第一个对象或 [放弃(U)/多段线(P)/半径(R)/修剪(T)/多个(M)]: r
指定圆角半径 <0.0000>: 0.5
选择第一个对象或 [放弃(U)/多段线(P)/半径(R)/修剪(T)/多个(M)]: p
选择二维多段线或 [半径(R)]:
4 条直线已被圆角
命令:
自动保存到 C:\Users\GL\appdata\local\temp\Drawing2_1_1_1798.sv$ ...
命令:
```

图 4.30 绘图操作命令示意图

```
命令: _circle
指定圆的圆心或 [三点(3P)/两点(2P)/切点、切点、半径(T)]:
指定圆的半径或 [直径(D)]: 0.3
命令:
命令: _copy
选择对象: 找到 1 个
选择对象:
当前设置: 复制模式 = 多个
指定基点或 [位移(D)/模式(O)] <位移>:
指定第二个点或 [阵列(A)] <使用第一个点作为位移>:
指定第二个点或 [阵列(A)/退出(E)/放弃(U)] <退出>:
指定第二个点或 [阵列(A)/退出(E)/放弃(U)] <退出>:     对象捕捉圆角圆心
指定第二个点或 [阵列(A)/退出(E)/放弃(U)] <退出>:
命令:
```

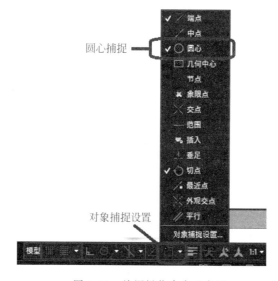

图 4.31 绘图操作命令示意图

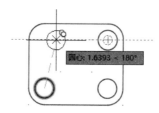

图 4.32 用"复制"完成绘图

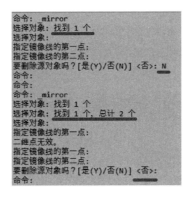
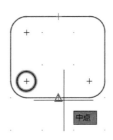

图 4.33　用镜像完成绘图示意

（6）改用阵列命令（选择矩形阵列）完成其余 3 个圆的绘制。

绘图步骤如图 4.34 所示。

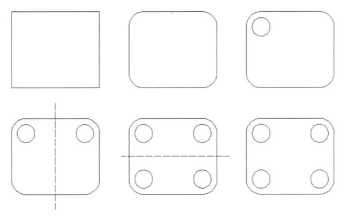

图 4.34　案例 2 绘图步骤示意图

案例 3 绘制操作演示

4.7.3　案例 3：偏移、多段线、修剪、阵列操作（见图 4.35）

1. 知识点提示

（1）练习基本操作；

（2）理解和掌握偏移命令；

（3）理解多段线概念；

（4）掌握选择对象操作的几种方式；

（5）掌握修剪命令；

（6）掌握环形阵列命令和操作。

2. 绘图分析

（1）图形中的同心矩形可用"偏移"命令操作完成。

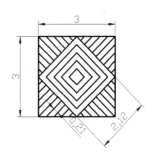

图 4.35　案例 3 示意图

（2）图形中 4 个角中的平行线，可先画一个角，再用"环形"阵列方法完成其余 3 个角中的平行线绘制。

3. 具体步骤

步骤 1：设置绘图工作环境。

（1）设置绘图区域：10,10。

（2）设置栅格间距为 0.5。

（3）打开栅格并使栅格居中。命令：Z,(按 Enter 键),A(按 Enter 键)

步骤 2：绘制步骤提示。

（1）用画矩形命令绘制(3×3)的矩形。

（2）用画多段线命令、捕捉中点方式画中间的矩形如图 4.36 所示。

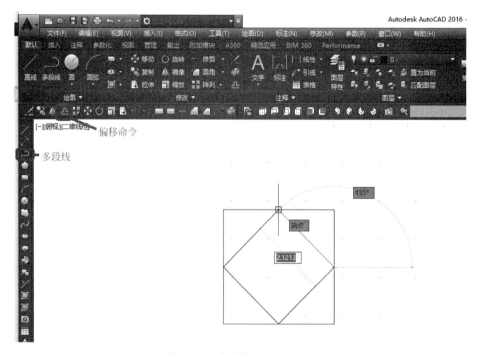

图 4.36 多段线绘图示意图

（3）用画多段线命令、捕捉中点方式画中间的矩形命令操作如图 4.37 所示。

```
命令: _rectang
指定第一个点或 [倒角(C)/标高(E)/圆角(F)/厚度(T)/宽度(W)]:
指定另一个角点或 [面积(A)/尺寸(D)/旋转(R)]:
>>输入 ORTHOMODE 的新值 <0>:
正在恢复执行 RECTANG 命令。
指定另一个角点或 [面积(A)/尺寸(D)/旋转(R)]: @3,3
命令:
命令: _pline
指定起点:
当前线宽为 0.0000
指定下一个点或 [圆弧(A)/半宽(H)/长度(L)/放弃(U)/宽度(W)]:
指定下一点或 [圆弧(A)/闭合(C)/半宽(H)/长度(L)/放弃(U)/宽度(W)]:
指定下一点或 [圆弧(A)/闭合(C)/半宽(H)/长度(L)/放弃(U)/宽度(W)]:
指定下一点或 [圆弧(A)/闭合(C)/半宽(H)/长度(L)/放弃(U)/宽度(W)]:
指定下一点或 [圆弧(A)/闭合(C)/半宽(H)/长度(L)/放弃(U)/宽度(W)]:
命令:指定对角点或 [栏选(F)/圈围(WP)/圈交(CP)]: *取消*
```

图 4.37 命令操作示意图

（4）用偏移命令画中间的 4 个同心矩形,偏移距离为 0.21,具体操作如图 4.38 所示。

（5）用捕捉端点和捕捉中点的方式,画出左上角最中间的一根直线。

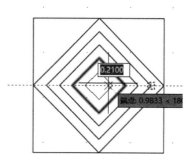

图4.38 偏移操作示意图

（6）用偏移命令分别向上和向下偏移直线，偏移距离为0.21。

（7）用修剪命令修剪正方形边界以外的直线，操作示意图如图4.39所示，命令行操作示意图如图4.40所示。

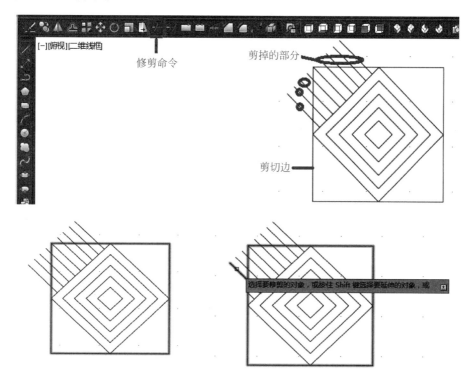

图4.39 修剪图形示意图

（8）用环形阵列命令画出其余3个角的直线。

（需要在矩形的中间画一条直线，并以此直线的中点为中心做环形阵列。画完之后删除此直线）

画图步骤及结果如图4.41所示。

图4.40 修剪命令操作示意图

图 4.41　绘图步骤示意图

4.7.4　案例 4：倒角、修剪操作(绘制如图 4.42 所示二维图)

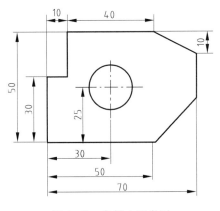

图 4.42　案例 4 示意图

1. 知识点提示

(1) 练习基本操作；

(2) 掌握相对坐标画矩形方法；

(3) 掌握倒角命令,理解倒角距离概念；

(4) 掌握修剪命令的使用方法；

(5) 掌握命令"自"的用法。

2. 绘图分析

(1) 图形中的先画矩形,再根据图中尺寸数据对矩形进行"倒角"

案例 4 绘制操作演示

操作；

（2）图 4.42 中矩形的左上角有个小的矩形缺口，可以按图中位置画出小矩形，然后通过"修剪"命令操作完成。

3．具体步骤

步骤 1：设置绘图工作环境。

（1）设置绘图区域：150,100。

（2）设置极轴追踪："极轴"状态按钮为打开状态。

（3）设置栅格间距为 10。

（4）打开栅格并使栅格居中，操作如下。

命令：Z,(按 Enter 键),A(按 Enter 键)

步骤 2：绘制步骤提示。

（1）用画矩形命令绘制(70,50)的矩形。

（2）在矩形的右下侧做倒角。理解倒角距离概念。距离 1 为 20，距离 2 为 20。

（3）在矩形的右上侧做倒角。距离 1 为 10，距离 2 为 20。

"倒角"命令操作及提示如下所示：

```
命令: _chamfer
("修剪"模式) 当前倒角距离 1 = 20.0000,距离 2 = 20.0000
选择第一条直线或 [放弃(U)/多段线(P)/距离(D)/角度(A)/修剪(T)/方式(E)/多个(M)]: d
指定第一个倒角距离 <20.0000>: 10
指定第二个倒角距离 <10.0000>: 20
选择第一条直线或 [放弃(U)/多段线(P)/距离(D)/角度(A)/修剪(T)/方式(E)/多个(M)]:
选择第二条直线,或按住 Shift 键选择要应用角点的直线:
```

（4）在矩形的左上角画一个(10,20)的矩形。

"矩形"命令操作及提示如下所示：

```
命令: _rectang
指定第一个角点或 [倒角(C)/标高(E)/圆角(F)/厚度(T)/宽度(W)]: //选定矩形左上角
指定另一个角点或 [面积(A)/尺寸(D)/旋转(R)]: @10,-20
```

（5）用"分解"命令分解这个小矩形。

（6）用"删除"命令删除小矩形左侧和上侧的边。

（7）用"修剪"命令减去多余部分。以小矩形剩余的"右侧"和"下侧"边作为剪切边。

"修剪"命令操作及提示如下所示：

```
命令: _trim
当前设置:投影 = UCS,边 = 无
选择剪切边...(选择矩形"右侧"和"下侧"边作为剪切边)
选择对象或 <全部选择>:指定对角点:找到 2 个
选择对象:(选择剪去的部分)
选择要修剪的对象,或按住 Shift 键选择要延伸的对象,或[栏选(F)/窗交(C)/投影(P)/边(E)/删除
(R)/放弃(U)]:
```

（8）画中间的半径为 10 的圆。

• 执行画圆命令。

• 当命令提示确定点时,右击同时按下键盘上的"shift"键,出现浮动菜单,选择"自"命

令(如图 4.43 所示)。

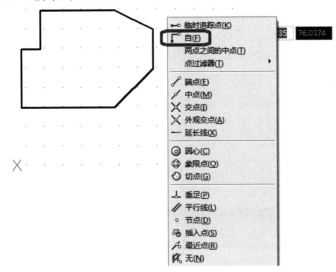

图 4.43　出现浮动菜单"自"示意图

- 出现"-from 基点："提示后,用对象捕捉端点方式选择左下角端点。
- 出现"_from 基点:<偏移>"提示后,输入相对坐标((@30,25)(如图 4.44 所示)。

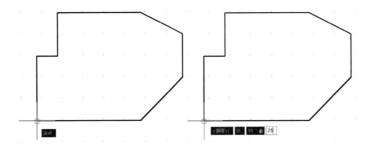

图 4.44　"自"命令操作示意图

AutoCAD 命令操作及提示如下所示：

命令: _circle
指定圆的圆心或 [三点(3P)/两点(2P)/相切、相切、半径(T)]: _from 基点: <偏移>: @30,25
指定圆的半径或 [直径(D)]: 10

操作步骤及结果如图 4.45 所示。

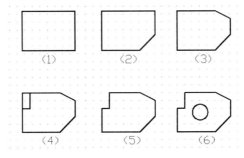

图 4.45　案例 4 绘图操作步骤示意图

4.7.5　案例5：图层、旋转、椭圆操作(绘制如图4.46所示二维图)

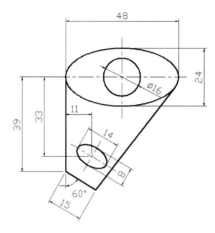

图4.46　案例5示意图

1. 知识点提示

(1) 练习基本操作；

(2) 掌握椭圆的画法；

(3) 掌握夹点操作的编辑方法；

(4) 掌握灵活绘图的基本方法。

案例5绘制操作演示

2. 绘图分析

(1) 先按如图4.47所示标出的尺寸绘制点画线。

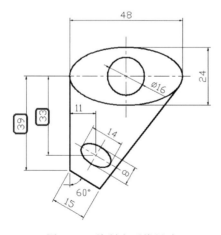

图4.47　绘制点画线尺寸

(2) 绘制小椭圆时,先按正位置画出,再按夹点操作、旋转至要求的位置。

3. 具体步骤

步骤1：设置绘图工作环境。

(1) 设置绘图区域：200,150。

(2) 设置栅格间距为 10。

(3) 打开栅格并使栅格居中,操作如下。

命令:Z,(按 Enter 键),A(按 Enter 键)

(4) 设置极轴追踪:"极轴"状态按钮为打开状态。

(5) 分层设置。

- 把图层工具栏显示在面板上。
- 新建实线、点画线、标注层 3 个图层。设置各个层的颜色、线型、线宽等属性,如图 4.48 所示。

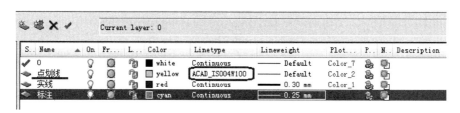

图 4.48 图层设置

步骤 2:绘制步骤提示。

(1) 把"点画线"层设为当前层,如图 4.49 所示。

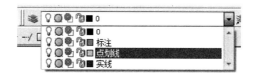

图 4.49 "点画线"层设为当前层

(2) 绘制点画线。

(3) 通过画辅助线和修剪命令,把已画出的点画线修剪到合适的长度。

步骤 3:图形绘制。

(1) 画椭圆和圆。

命令:_ellipse
指定椭圆的轴端点或 [圆弧(A)/中心点(C)]:c
指定椭圆的中心点:
指定轴的端点:24
指定另一条半轴长度或 [旋转(R)]:12

(2) 在"正交"模式下,画直线。

(3) 换层,把"点画线"层设为当前层。沿直线,画点画线。

(4) 按距离 11,偏移图 4.51(4)中画的点画线。

(5) 换层,把"实线"层设为当前层,画小椭圆。

(6) 用"夹点操作",选择小椭圆和点画线,单击右键,选择菜单"旋转"命令,如图 4.50 所示。

(7) 旋转角度输入"−30"。

（8）用"夹点操作"命令，选择"直线"按钮，单击右键，选择菜单"拉伸"命令，输入距离"6"，如图 4.51 所示。

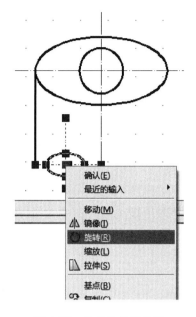

图 4.50　夹点操作示意图

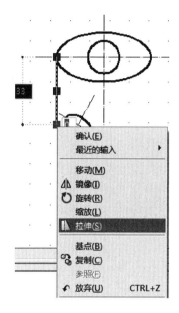

图 4.51　夹点操作"拉伸"

（9）在延长的直线端点，画长度为 15 的水平直线。用"夹点操作"，选择直线，单击右键，选择菜单"旋转"命令，以左端点为基点，旋转角度为－30°。

（10）打开"对象捕捉"并勾选"切点"。

（11）画出连接直线端点和椭圆切点的直线。

绘图步骤及结果如图 4.52 所示。

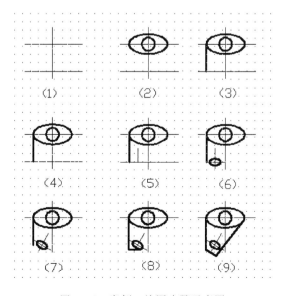

图 4.52　案例 5 绘图步骤示意图

4.7.6 案例6：二维图设计综合练习(绘制如图4.53所示二维图)

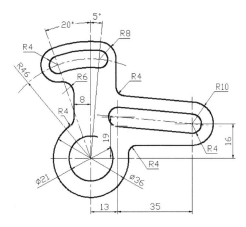

图 4.53 案例 6 图形

1. 知识点提示

(1) 综合练习基本绘图和编辑操作；

(2) 掌握分层方法及应用；

(3) 掌握灵活应用绘图和编辑命令绘制二维图的方法；

(4) 掌握圆角的方法；

(5) 学习复杂图形的分析、绘制。

案例 6 绘制操作演示

2. 绘图分析

(1) 先按如图4.54所示框出的尺寸数据绘制点画线；

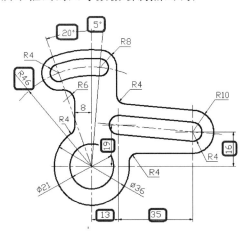

图 4.54 图形分析绘制点画线

(2) 再绘制圆心能够确定的圆；

(3) 灵活运用偏移命令绘制图形；

(4) 用"圆角"命令绘制连接部分图形。

3．具体步骤

步骤1：设置绘图工作环境（如图4.55所示）。

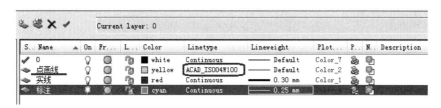

图4.55　新建和设置图层

（1）设置绘图区域：200,150。

（2）设置栅格间距为10。

（3）打开栅格并使栅格居中。

（4）设置极轴追踪："极轴"状态按钮为打开状态。

（5）新建和设置图层。

- 把图层工具栏显示在面板上；
- 新建实线、点画线、标注层3个图层。设置各个层的颜色、线型、线宽等属性。

步骤2：绘制点画线图形。

（1）把"点画线"层设为当前层（如图4.56所示）。

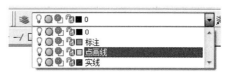

（2）绘制点画线，通过画辅助线和修剪命令，把已画出的点画线修剪到合适的长度（如图4.57所示）。

图4.56　将点画线层设为当前层

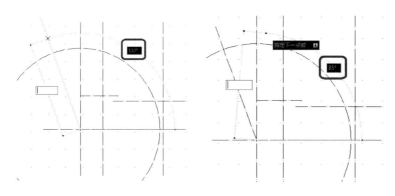

图4.57　绘制点画线示意图

步骤3：图形绘制步骤。

（1）把"实线"层设为当前层。

（2）先绘制圆心能定位的圆。

（3）执行"偏移"命令。

（4）执行"修剪"命令。

（5）选中图4.58中的点画线，再选择图层管理器中的"实线"层，完成图层变换，如图4.58

所示。

（6）执行"偏移"命令。

（7）打开"正交"模式,绘制三条直线。

（8）用"倒圆角"命令绘制如图 4.59 所示的 4 个圆角。

（9）用"修剪"命令编辑图形。

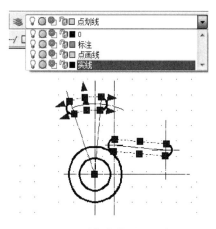

图 4.58　对象变换图层示意图

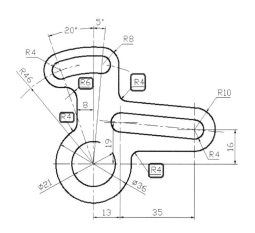

图 4.59　圆角绘制尺寸示意图

绘图步骤及结果如图 4.60 所示。

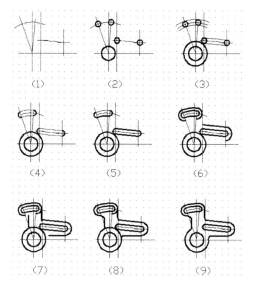

图 4.60　绘图步骤示意图

习　题　4

1. 绘制如图 4.61 所示的二维图形,练习基本操作。

2. 绘制如图 4.62 所示的二维图形,练习基本操作。

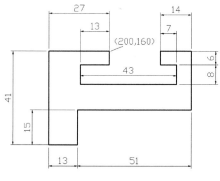

图 4.61　基本练习图 1

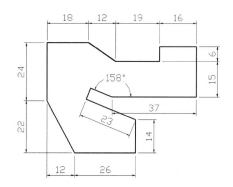

图 4.62　基本练习图 2

3. 绘制如图 4.63 所示的二维图形,练习基本操作。

4. 绘制如图 4.64 所示的二维图形,练习基本操作。

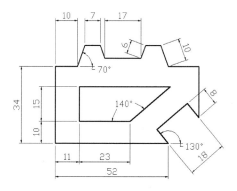

图 4.63　基本练习图 3

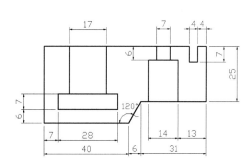

图 4.64　基本练习图 4

5. 绘制如图 4.65 所示的二维图形,练习基本操作。

6. 绘制如图 4.66 所示的二维图形,练习基本操作。

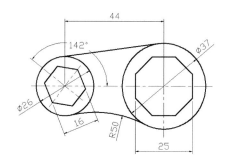

图 4.65　基本练习图 5

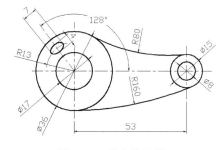

图 4.66　基本练习图 6

7. 绘制如图 4.67 所示的二维图形,练习基本操作。

8. 绘制如图 4.68 所示的二维图形,练习基本操作。

9. 绘制如图 4.69 所示的二维图形,练习基本操作。

10. 绘制如图 4.70 所示的二维图形,练习基本操作。

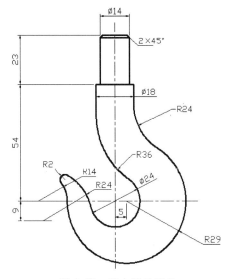

图 4.67 基本练习图 7

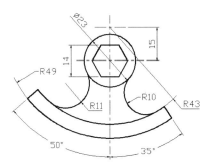

图 4.68 基本练习图 8

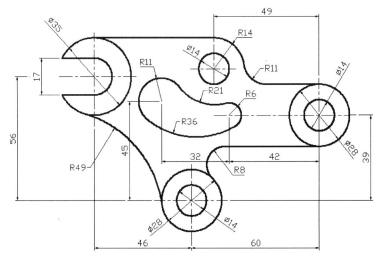

图 4.69 基本练习图 9

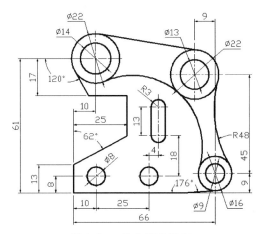

图 4.70 基本练习图 10

第5章　AutoCAD 三维绘图基础

AutoCAD 除具有强大的二维绘图功能外,还具备基本的三维造型能力。若物体并无复杂的外表曲面及多变的空间结构关系,则使用 AutoCAD 可以很方便地建立物体的三维模型。本章介绍 AutoCAD 三维绘图的基本知识,包括三维几何模型的分类、三维坐标系、视图、视口等,为三维建模设计打好基础。

5.1　三维几何模型分类

AutoCAD 支持几种类型的三维模型:包括三维实体模型、三维曲面模型、三维网格和三维线框模型。每种类型都有其创建特点和编辑技术。三维几何模型类型如图 5.1 所示。

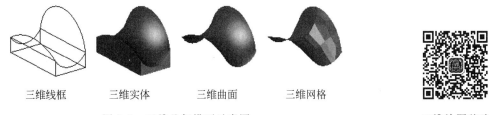

三维线框　　三维实体　　三维曲面　　三维网格

图 5.1　三维几何模型示意图　　　　　三维绘图基础

线框模型通过描绘形体的边界轮廓线来构造三维形体,因此线框模型的基本图元是点、直线、曲线,可以是平面上的曲线,或是空间中的曲线。AutoCAD 提供了一些三维线框对象,如三维多段线和样条曲线。线框建模对于初始设计迭代非常有用,并且作为参照几何图形可用作三维线框,以进行后续的建模或修改。

表面建模可以描绘三维表面。AutoCAD 的表面模型又称作多边形网格。每一种表面都可以用很多网格面构成,由于网格面是平面,所以多边形网格只能近似表示曲面。通过曲面建模,可精确地控制曲面,从而能准确地操作和分析图形。

实体建模不但能高效使用、易于合并图元和拉伸的轮廓,还能提供质量特性和截面功能。

5.1.1　线框模型

线框模型(Wireframe Model)是一种轮廓模型,它是用线(三维空间的直线及曲线)表达三维立体,不包含面及体的信息。不能使该模型消隐或着色。由于线框模型不含有体的数据,用户也不能得到对象的质量、重心、体积、惯性矩等物理特性,不能进行布尔运算。图 5.2 显示了立体的线框模型,在消隐模式下也能看到后面的线。线框模型结构简单,易于绘制。

1. 创建三维线框模型的方法

通过将任意二维平面对象放置到三维空间的任何位置可创建线框模型,可以使用以下几种方法：

(1) 输入三维坐标，以确定对象的定义点的 X、Y 和 Z 位置。

(2) 使用 UCS，创建平面对象的默认工作平面，即 UCS 的 XY 平面。

(3) 创建对象后，将其移动、复制或旋转至其三维位置。

2．三维线框模型示例

例如，假设道路上升时呈现为一条曲线。标高的更改为非线性型，并且曲线的半径恒定，如图 5.3 所示。

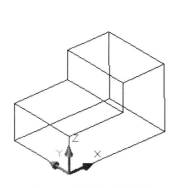

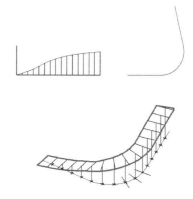

图 5.2　线框模型示意图　　　　　图 5.3　三维线框模型示例

3．使用三维线框模型的几点操作技巧

(1) 使用多个视图，特别是等轴测视图，既能使模型形象化和对象选择变得更加容易，又能避免出错。

(2) 利用图层管理器，规划和组织模型，以便可以关闭图层，减少模型的视觉复杂程度。

(3) 区分各个对象的颜色也有助于用户区分各个视图中的对象。

(4) 熟悉三维空间中 UCS 的操作。当前 UCS 的 XY 平面将作为工作平面来操作以确定平面对象（例如，圆和圆弧）的方向。UCS 还为对象的修剪、延伸及旋转确定操作平面。

5.1.2　表面模型

表面模型（Surface Model）是用物体的表面表示物体。表面模型具有面及三维立体边界信息。表面不透明，能遮挡光线，因而表面模型可以被渲染及消隐。对于计算机辅助加工，用户还可以根据零件的表面模型形成完整的加工信息。但是不能进行布尔运算。如图 5.4 所示是两个表面模型的消隐效果，前面的薄片圆筒遮住了后面长方体的一部分。

5.1.3　实体模型

实体模型具有线、表面、体的全部信息。对于此类模型，可以区分对象的内部及外部，可以对它进行打孔、切槽和添加材料等布尔运算，对实体装配进行干涉检查，分析模型的质量特性，如质心、体积和惯性矩。对于计算机辅助加工，用户还可利用实体模型的数据生成数控加工代码，进行数控刀具轨迹仿真加工等。如图 5.5 所示为实体模型。

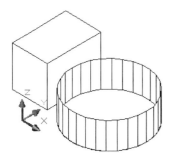

图 5.4　表面模型示意图

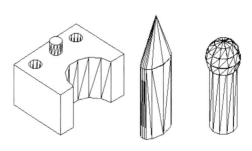

图 5.5　实体模型示意图

三维实体对象可以从基本图元开始,然后对原型进行布尔运算,连接得到复杂形状的实心体。也可以从拉伸、扫掠、旋转或放样轮廓开始,形成复杂形状的实心体。

1. 三维实体图元

可以使用诸如 CYLINDER、PYRAMID 和 BOX 等命令来创建多种基本三维形状(称为实体图元),如图 5.6 所示。

2. 可通过拉伸、旋转或扫掠等操作来创建三维实体

在图 5.7 中,相同的闭合二维多段线沿某一路径扫掠、绕某个轴旋转、沿指定方向拉伸等,创建了不同的三维实体。

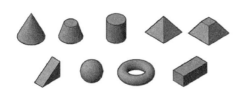

图 5.6　三维实体图元示例

图 5.7　创建三维实体示例

3. 使用布尔运算创建复合三维实体

通过使用布尔运算(例如,并集和差集)组合三维实体,可创建单独的复合实体,如图 5.8 所示。

还可以使用布尔交集运算组合成三维实体,如图 5.9 所示。

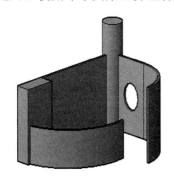

图 5.8　布尔运算创建复合三维实体

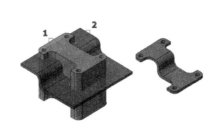

图 5.9　创建复合三维实体示例

5.2 三维坐标系

在构造三维模型时,经常需要使用指定的坐标系作为参照,以便精确地绘制或定位某个对象,或者通过调整坐标系到不同的访问来完成特定的任务。此外,在 AutoCAD 中大多数的三维编辑命令都依赖坐标系的位置和方向进行操作,因此可以说三维建模离不开三维坐标系。

AutoCAD 的坐标系统是三维笛卡儿直角坐标系,分为世界坐标系和用户坐标系。图 5.10 表示的是两种坐标系下的图标。图中 X 或 Y 的箭头方向表示当前坐标轴 X 轴或 Y 轴的正方向,Z 轴正方向用右手定则判定。

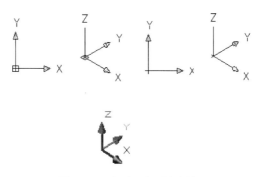

图 5.10 表示坐标系的图标

1. 世界坐标系(WCS)

在 AutoCAD 中为用户提供了一个绝对的坐标系,即世界坐标系(World Coordinate System,WCS)。通常利用 AutoCAD 构造新图形时将自动使用 WCS。虽然 WCS 不可更改,但可以从任意角度、任意方向来观察或旋转。

世界坐标系又称为绝对坐标系或固定坐标系,其原点和各坐标轴方向均固定不变。对于二维绘图来说,在大多数情况下,世界坐标系就能满足作图需要,但若是创建三维模型,就不太方便了,因为用户常常要在不同平面或是沿某个方向绘制结构。

2. 用户坐标系(UCS)

相对于世界坐标系统,用户可以根据需要创建无限多的坐标系,这些坐标系称为用户坐标系(User Coordinate System,UCS)。其作用是让用户重新设定坐标系的位置和方向,从而改变工作平面,便于坐标输入。在三维环境中创建或修改对象时,可以在三维空间中的任何位置移动和重新定向 UCS 以简化工作。正确地运用 UCS 命令将简化 3D 过程。UCS 图标在确定正轴方向和旋转方向时遵循传统的右手定则,如图 5.11 所示。

可以通过单击 UCS 图标或使用 UCS 命令来更改当前 UCS 的位置和方向。

UCS 是可移动的笛卡儿直角坐标系,用于建立 XY 工作平面、水平方向和垂直方向、旋转轴以及其他有用的几何参照。在指定点、输入坐标和使用绘图辅助工具(例如,正交模式和栅格)时,可以更改 UCS 的原点和方向,以方便使用。

如绘制图 5.12 所示的图形时,在世界坐标系下是不能完成的。此时需要以绘图的平面为 XY 坐标平面,创建新的坐标系,然后再调用绘图命令绘制图形。

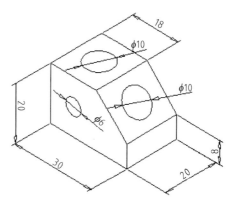

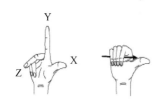

图 5.11　UCS 右手定则示意图　　　　图 5.12　在用户坐标系下绘图

3．建立用户坐标系

命令方式

工具栏：

下拉菜单："工具"→"新建 UCS"命令

命令窗口：UCS

在 UCS 命令中有许多选项：

[新建(N)/移动(M)/正交(G)/上一个(P)/恢复(R)/保存(S)/删除(D)/应用(A)/?/世界(W)]

各选项功能如下：

(1) 新建(N)：创建一个新的坐标系,选择该选项后,AutoCAD 继续提示：

指定新 UCS 的原点或[Z 轴(ZA)/三点(3)/对象(OB)/面(F)/视图(V)/X/Y/Z] <0,0,0>:

- 指定新 UCS 的原点：将原坐标系平移到指定原点处,新坐标系的坐标轴与原坐标系的坐标轴方向相同。
- Z 轴(ZA)：通过指定新坐标系的原点及 Z 轴正方向上的一点来建立坐标系。
- 三点(3)：用三点来建立坐标系,第一点为新坐标系的原点,第二点为 X 轴正方向上的一点,第三点为 Y 轴正方向上的一点。
- 对象(OB)：根据选定三维对象定义新的坐标系。此选项不能用于下列对象：三维实体、三维多段线、三维网格、视口、多线、面域、样条曲线、椭圆、射线、构造线、引线、多行文字。
- 面(F)：将 UCS 与实体对象的选定面对齐。在选择面的边界内或面的边上单击,被选中的面将亮显,UCS 的 X 轴将与找到的第一个面上的最近的边对齐。
- 视图(V)：以垂直于观察方向的平面为 XY 平面,建立新的坐标系。UCS 原点保持不变。
- X/Y/Z：将当前 UCS 绕指定轴旋转一定的角度。

（2）移动(M)：通过平移当前 UCS 的原点重新定义 UCS,但保留其 XY 平面的方向不变。

（3）正交(G)：指定 AutoCAD 提供的 6 个正交 UCS 之一。这些 UCS 设置通常用于查看和编辑三维模型,如图 5.13 所示。

（4）上一个(P)：恢复上一个 UCS。AutoCAD 保存创建的最后 10 个坐标系。重复"上一个"选项逐步返回上一个坐标系。

（5）恢复(R)：恢复已保存的 UCS,使它成为当前 UCS；恢复已保存的 UCS 并不重新建立在保存 UCS 时生效的观察方向。

（6）保存(S)：把当前 UCS 按指定名称保存。

（7）删除(D)：从已保存的用户坐标系列表中删除指定的 UCS。

（8）应用(A)：其他视口保存有不同的 UCS 时,将当前 UCS 设置应用到指定的视口或所有活动视口。

（9）世界(W)：将当前用户坐标系设置为世界坐标系。

4．建立用户坐标系(UCS)示例

（1）指定 UCS 的原点。

使用一点、两点或三点定义一个新的 UCS 示例,如图 5.14 所示。

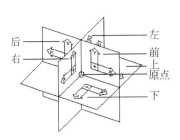

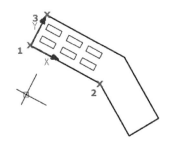

图 5.13　正交 UCS 示意图　　　　图 5.14　UCS 示例 1

- 如果指定单个点,当前 UCS 的原点将会移动,不会更改 X、Y 和 Z 轴的方向。
- 如果指定第二个点,则 UCS 将旋转以使正 X 轴通过该点。
- 如果指定第三个点,则 UCS 将围绕新 X 轴旋转来定义正 Y 轴。

这三点可以指定原点、正 X 轴上的点以及正 XY 平面上的点。如果在输入坐标时未指定 Z 坐标值,则使用当前 Z 值。提示：也可以直接选择并拖动 UCS 图标原点夹点到一个新位置,或从原点夹点菜单选择"仅移动原点"。

（2）创建面 UCS 示例,如图 5.15 所示。

将 UCS 动态对齐到三维对象的面。将光标移到某个面上以预览 UCS 的对齐方式。

（3）创建对象 UCS 示例,如图 5.16 所示。

将 UCS 与选定的二维或三维对象对齐。大多数情况下,UCS 的原点位于离指定点最近的端点,X 轴将与边对齐或与曲线相切,并且 Z 轴垂直于对象。

（4）定义任意的 UCS 示例,如图 5.17 所示。

通过指定原点和一个或多个绕 X、Y 或 Z 轴的旋转,可以定义任意的 UCS。

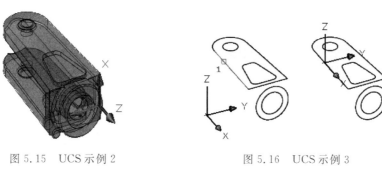

图 5.15　UCS 示例 2　　　　　　　　　图 5.16　UCS 示例 3

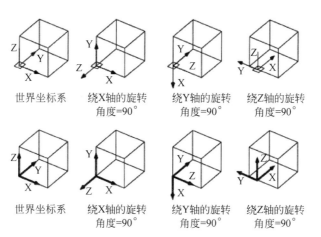

世界坐标系　　绕X轴的旋转　　绕Y轴的旋转　　绕Z轴的旋转
　　　　　　　角度=90°　　　　角度=90°　　　　角度=90°

世界坐标系　　绕X轴的旋转　　绕Y轴的旋转　　绕Z轴的旋转
　　　　　　　角度=90°　　　　角度=90°　　　　角度=90°

图 5.17　UCS 示例 4

5.3　视　　图

在绘制三维图形过程中,常常要从不同方向观察图形,计算机上显示的三维模型是在不同视点方向上观察到的投影视图。AutoCAD 默认视图是 XY 平面,方向为 Z 轴的正方向,看不到物体的高度。AutoCAD 提供了多种创建三维视图的方法,以实现沿不同的方向观察模型,比较常用的是用标准视点观察模型方法和三维动态旋转方法。标准视点观察模型工具栏如图 5.18 所示。

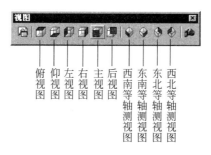

俯视图　仰视图　左视图　右视图　主视图　后视图　西南等轴测视图　东南等轴测视图　东北等轴测视图　西北等轴测视图

图 5.18　视图工具栏

视图菜单如图 5.19 所示。

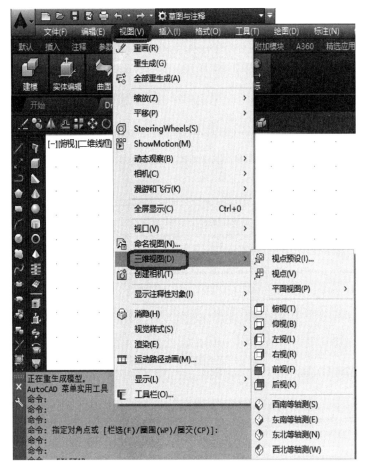

图 5.19 "视图"菜单示意图

1. 标准正交视图和等轴测视图

可以根据名称或说明选择预定义的标准正交视图和等轴测视图。这些视图代表常用选项：俯视、仰视、主视、左视、右视和后视。此外，可以从以下等轴测选项设定视图：SW(西南)等轴测、SE(东南)等轴测、NE(东北)等轴测和 NW(西北)等轴测。

要理解等轴测视图的表现方式，请想象正在俯视盒子的顶部。如果朝盒子的左下角移动，可以从西南等轴测视图观察盒子。如果朝盒子的右上角移动，可以从东北等轴测视图观察盒子，如图 5.20 所示。

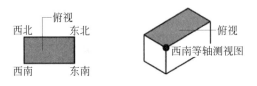

图 5.20 视图示意图

2．使用坐标或角度定义三维视图的步骤

1）使用视点坐标设定视图

（1）选择菜单"视图"→"三维视图"→"视点"命令。

（2）在指南针内单击，指定视点。选定的视点用于在原点(0,0,0)处观察图形。

2）使用两个旋转角度设定视图

（1）选择菜单"视图"→"三维视图"→"视点"命令。

（2）输入 r(旋转)，使用两个角度指定新方向。

（3）输入从正 X 轴测量的 XY 平面中的角度。

（4）输入自 XY 平面角度，该角度表示在原点(0,0,0)处观察模型时观察者所在的位置。

3）使用 VPOINT 设定标准视图(AEC 约定)

（1）选择菜单"视图"→"三维视图"→"视点"命令。

（2）根据所需视点输入 XYZ 坐标。

- 0,0,1：俯视图（平面图）。
- 0,−1,0：前视图。
- 1,0,0：右侧视图。
- 1,−1,1：等轴测视图。

4）使用 VPOINT 设定标准视图(机械设计约定)

（1）选择菜单"视图"→"三维视图"→"视点"命令。

（2）根据所需视点输入坐标。

- 0,1,0：俯视图。
- 0,0,1：前视图。
- 1,0,0：右侧视图。
- 1,1,1：等轴测视图（相当于向右旋转 45°再向上旋转 35.267°的视图）。

5.4　视　　口

5.4.1　关于模型空间视口

视口是指屏幕上显示图形的一个限定区域，系统默认状态下是单个视口，也可将显示区域分成多个视口，每个视口显示一个视图。每个视口都可以有自己的 UCS 以及图标显示，由系统变量设定。

在模型空间中（即 TILEMODE＝1）建立的视口称作平铺视口。在图纸空间（布局）中建立的视口称作浮动视口。浮动视口的大小和位置可以设定，而平铺视口的大小不可改变。建立平铺视口的作用主要是在屏幕上能同时显示多个视图，便于操作和观察。而浮动视口主要在出图时使用。

在大型或复杂的图形中，显示不同的视图可以缩短在单一视图中缩放或平移的时间。在一个视图中漏掉的错误可能会在另一个视图中看到。

可以创建布满整个布局的单一布局视口，也可以在布局中创建多个布局视口。创建视口后，可以根据需要更改其大小、特性、比例以及对其进行移动。使用 MVIEW 命令可以使用多个选项创建一个或多个布局视口,也可以使用 COPY 命令创建多个布局视口。

注意:在各自的图层上创建布局视口很重要。当准备输出图形时,可以关闭图层并输出布局,而不打印布局视口的边界。

5.4.2 当前视口

图 5.21 显示了几个模型空间视口配置。可以使用 VPORTS 命令按名称保存和恢复视口配置。

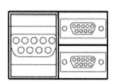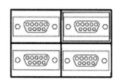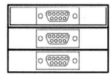

图 5.21 模型空间视口配置示意图

当显示多个视口时,使用蓝色矩形框亮显的视口称为当前视口。

关于当前视口的几点说明:

(1) 控制视图的命令(如平移和缩放)仅适用于当前视口。

(2) 创建或修改对象的命令在当前视口中启动,但结果将应用到模型,并且显示在其他视口中。

(3) 可以在一个视口中启动命令并在不同视口中完成它。

(4) 通过在任意视口中单击,可以将其置为当前视口。

注意:不要将模型空间视口与布局视口相混淆,布局视口仅在图纸空间中可用,并且用于在图纸上排列图形的视图。

5.4.3 创建视口

命令方式

工具栏:视口

下拉菜单:"视图"→"视口"命令

命令窗口:VPORTS

"新建视口"选项卡—模型空间("视口"对话框)如图 5.22 所示。

1. 创建视口命令提示及含义说明

(1) 新名称:为新模型空间视口配置指定名称。如果不输入名称,将应用视口配置但不保存。如果视口配置未保存,将不能在布局中使用。

(2) 标准视口:列出并设定标准视口配置,包括 CURRENT(当前配置)。

(3) 预览:显示选定视口配置的预览图像,以及在配置中被分配到每个单独视口的默认视图。

(4) 应用于:将模型空间视口配置应用到整个显示窗口或当前视口。

(5) 显示:将视口配置应用到整个"模型"选项卡显示窗口。

图 5.22　"视口"对话框示意图

（6）当前：仅将视口配置应用到当前视口。

（7）设置：指定二维或三维设置。如果选择二维，新的视口配置将最初通过所有视口中的当前视图来创建。如果选择三维，一组标准正交三维视图将被应用到配置中的视口。

（8）修改视图：用从列表中选择的视图替换选定视口中的视图。可以选择命名视图，如果已选择三维设置，也可以从标准视图列表中选择。使用"预览"区域查看选择。

（9）视觉样式（在 AutoCAD LT 中不可用）：将视觉样式应用到视口。将显示所有可用的视觉样式。

2. 创建多个模型空间视口的步骤

（1）选择菜单"视图"→"视口"→"视口配置"命令。

（2）单击要使用的视口配置。

3. 合并两个模型空间视口的步骤

注意：要将两个视口合并，它们必须共享长度相同的公共边。

（1）选择菜单"视图"→"视口"→"视口合并"命令。

（2）单击希望保留的模型空间视口。

（3）单击相邻视口，将其与第一个视口合并。

视口合并示例，如图 5.23 所示。

主视口

要合并的视口

合并后的视口

图 5.23　视口合并示例示意图

将图形返回到单一视口的视图中,该视图使用当前视口的视图示例,如图5.24所示。

执行单一操作后的视口

图5.24　当前视口示意图

5.4.4　关于布局视口

可以创建布满整个布局的单一布局视口,也可以在布局中创建多个布局视口。创建视口后,可以根据需要更改其大小、特性、比例以及对其进行移动。使用MVIEW命令,可以使用多个选项创建一个或多个布局视口。也可以使用COPY命令创建多个布局视口。

在各自的图层上创建布局视口很重要。准备输出图形时,可以关闭图层并输出布局,而不打印布局视口的边界。

1. 创建新布局视口的步骤

(1) 打开"视图"对话框,单击"视口"→"新建"按钮。

(2) 打开"视口"对话框,单击"新建视口"→"标准视口"→"单个"命令。

(3) 单击指定新布局视图的一个角点。

(4) 单击指定对角点。

2. 创建非矩形布局视口的步骤

通过使用MVIEW命令将在图纸空间中绘制的对象转换为布局视口,可以创建具有非矩形边界的新视口。

(1) 使用"对象"选项,可以选择一个闭合对象(例如在图纸空间中创建的圆或闭合多段线)以转换为布局视口。创建视口后,定义视口边界的对象将与该视口相关联。

(2) 使用"多边形"选项,可以通过指定点来创建非矩形布局视口。所显示的提示与用于创建多段线的提示相同。

注意:如果希望不显示布局视口边界,应该关闭非矩形视口的图层,而不是冻结该图层。如果非矩形布局视口中的图层被冻结,则视口将无法正确剪裁。

3. 在布局中自动设置多视口的步骤

(1) 单击"布局"选项卡。

(2) 打开"视图"对话框,单击"视口"→"新建"按钮。

(3) 打开"视口"对话框,单击"新建视口"→"标准视口"按钮,从列表中选择"视口配置"按钮。

(4) 在"设置"选项卡中选择"二维"或"三维"命令。

如果选择了"三维"命令,则配置中的每一视口都使用标准三维视图。

(5) 单击"视口间距"选项卡,选择各个视口的间距。

(6) 要修改视图,可在预览图像中选择一个视口。在"修改视图"下,从标准视图列表中选择视图。列表中包括俯视图、仰视图、主视图、后视图、左视图、右视图、等轴测视图以及所有保存在图形中的命名视图。"预览"中将显示选定的视图。

（7）单击"确定"按钮。

（8）在绘图区域中，指定两点表示包含视口配置的区域。

5.5 控制视觉样式

为了创建和编辑三维图形中的部分结构特征，需要不断调整模型的显示方式和视图位置。控制三维视图的显示可以实现视角、视觉样式和三维模型显示平滑度的改变。这样不仅可以改变模型的真实投影效果，而且更有利于精确设计产品的模型视觉样式控制边、光源和着色的显示。可通过更改视觉样式的特性控制其效果。应用视觉样式或更改其设置时，关联的视口会自动更新以反映这些更改。

视觉样式管理器将显示图形中可用的所有样式。选定样式的设置将显示在样例图像下方的面板中。

AutoCAD 提供以下预定义的视觉样式。

（1）二维线框。用直线或曲线来显示对象的边界，其中光栅、OLE 对象、线型和线宽均可见，并且线与线之间是重复叠加的。

（2）概念。使用平滑着色和古氏面样式显示对象。古氏面样式在冷暖颜色而不是明暗效果之间转换。效果缺乏真实感，但是可以更方便地查看模型的细节。

（3）消隐。使用线框表示法显示对象，而隐藏表示背面的线。

（4）真实。使用平滑着色和材质显示对象。

（5）着色。使用平滑着色显示对象。

（6）带边缘着色。使用平滑着色和可见边显示对象。

（7）灰度。使用平滑着色和单色灰度显示对象。

（8）勾画。使用线延伸和抖动边修改器显示手绘效果的对象。

（9）线框。使用直线和曲线表示边界的方式显示对象。

（10）X 射线。以局部透明度显示对象。

AutoCAD 软件中"视觉样式管理器"如图 5.25 所示。

图 5.25 视觉样式管理器

习　题　5

1. 世界坐标系(WCS)和用户坐标系(UCS)有什么差别？如何定制 UCS？
2. 三维模型有哪几种类型？
3. 怎样理解视图概念？视图与视口有何不同？
4. 如何设置视觉样式？

第 6 章　AutoCAD 三维图绘制和编辑

本章概要

AutoCAD 软件支持 3 种类型的三维模型：实体模型、曲面模型、网格和线框模型。每种类型都有其创建特点和编辑技巧。本章将详细介绍三维模型绘制的基本操作方法和三维编辑命令的操作方法和技巧。

6.1　创建线框模型

用点和线表示的模型称为线框模型，例如，用 LINE 命令画出立体的 12 条边来表示三维模型。线框模型的优点是模型简单，缺点是显示具有二义性，无法进行消隐。除了 LINE 命令，其他画线命令如 CIRCLE、ARC、PLINE 等都只能画在当前 UCS 的 XY 平面内，若构造空间中任意曲线，需要用三维多段线（3DPOLY）或样条曲线（SPLINE）命令来完成。

6.1.1　三维多段线命令（3DPOLY）

> **命令方式**
>
> 绘图工具栏：🖼
> 下拉菜单："绘图"→"三维多段线"命令
> 命令窗口：3DPOLY

3DPOLY 命令是对 PLINE 命令（2D 多段线）的扩充，不受 UCS 的限制，可以取空间中的任意点，并可用 PEDIT 命令编辑成样条曲线。

命令操作及提示如下：

```
命令：_3dpoly
指定多段线的起点：
指定直线的端点或［放弃(U)］：
指定直线的端点或［放弃(U)］：
指定直线的端点或［闭合(C)/放弃(U)］：
```

三维图绘制　　三维图编辑

（1）多段线的起点：指定三维多段线中的第一个点。

（2）直线端点：从前一点到新指定的点绘制一条直线。将重复显示提示，直到按 Enter 键结束命令为止。

（3）放弃：删除创建的上一线段。可以继续从前一点绘图。

（4）闭合：从最后一点至第一个点绘制一条闭合线，然后结束命令。要闭合的三维多段线必须至少有两条线段。

三维多段线命令操作示例如图 6.1 所示。

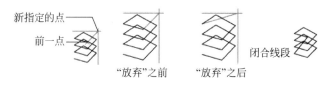

图 6.1 3DPOLY 图形示例

6.1.2 三维多段线编辑命令（PEDIT）

命令方式

修改工具栏：🖎

下拉菜单："修改"→"对象"→"多段线"命令

命令窗口：PEDIT

PEDIT 命令可对三维多段线进行编辑，控制顶点位置，生成样条曲线。

命令操作及提示如下：

```
命令：_pedit
选择多段线或 [多条(M)]：
输入选项 [闭合(C)/合并(J)/编辑顶点(E)/样条曲线(S)/非曲线化(D)/反转(R)/放弃(U)]：
命令：＊取消＊
```

如果选择三维多段线，将显示以下提示。

（1）闭合：创建多段线的闭合线，将首尾连接。

（2）合并：将开放曲线合并到三维多段线。该曲线可位于不同的平面上，但是必须与三维多段线相连。

（3）编辑顶点：在多段线的顶点及其后的线段中执行各种编辑任务。

（4）样条曲线：拟合三维 B 样条曲线以逼近其控制点。SPLFRAME 系统变量控制三维 B 样条曲线的精确度和其控制点的显示。三维 B 样条曲线只能通过直线段来近似形成曲线。将忽略样条曲线线段的负值。

（5）非曲线化：删除由拟合曲线或样条曲线插入的多余顶点，拉直多段线的所有线段。保留指定给多段线顶点的切向信息，用于随后的曲线拟合。

（6）反转：反转多段线顶点的顺序。使用此选项可反转使用包含文字线型的对象的方向。例如，根据多段线的创建方向，线型中的文字可能会倒置显示。

（7）放弃：还原操作，可一直返回到 PEDIT 任务开始时的状态。

三维多段线编辑命令操作示例如图 6.2 所示。

原三维多段线　　曲线拟合之后的三维多段线

图 6.2 三维多段线编辑命令操作示意图

6.1.3　样条曲线命令(SPLINE)

SPLINE 在指定的允差范围内把一系列点拟合成光滑的曲线样条曲线。还可以将样条线光滑后的 2D 或 3D 多段线变成样条曲线。样条曲线使用拟合点或控制点进行定义。默认情况下,拟合点与样条曲线重合,而控制点定义控制框。控制框提供了一种便捷的方法,用来设置样条曲线的形状。每种方法都有其优点。

> **命令方式**
>
> 绘图工具栏：⟋
> 下拉菜单："绘图"→"样条曲线"命令
> 命令窗口：SPLINE

命令操作及提示如下：

```
命令: _SPLINE
当前设置: 方式 = 拟合 节点 = 弦
指定第一个点或 [方式(M)/节点(K)/对象(O)]: _M
输入样条曲线创建方式 [拟合(F)/控制点(CV)] <拟合>: _FIT
当前设置: 方式 = 拟合　节点 = 弦
指定第一个点或 [方式(M)/节点(K)/对象(O)]:
输入下一个点或 [起点切向(T)/公差(L)]:
输入下一个点或 [端点相切(T)/公差(L)/放弃(U)]:
输入下一个点或 [端点相切(T)/公差(L)/放弃(U)/闭合(C)]:
```

(1) 方式选择：使用拟合点还是控制点来创建样条曲线。(SPLMETHOD 系统变量)

① 拟合：通过指定样条曲线必须经过的拟合点来创建 3 阶(三次)B 样条曲线。在公差值大于 0(零)时,样条曲线必须在各个点的指定公差距离内。

② 控制点(CV)：通过指定控制点来创建样条曲线。使用此方法创建 1 阶(线性)、2 阶(二次)、3 阶(三次)直到最高为 10 阶的样条曲线。通过移动控制点调整样条曲线的形状,通常可以提供比移动拟合点更好的效果。

(2) 第一个点：指定样条曲线的第一个点,或者是第一个拟合点或者是第一个控制点,具体取决于当前所用的方法。

(3) 下一个点：创建其他样条曲线段,直到按 Enter 键为止。

(4) 放弃：删除最后一个指定点。

(5) 关闭：通过定义与第一个点重合的最后一个点,闭合样条曲线。默认情况下,闭合的样条曲线为周期性的,沿整个环保持曲率连续性。

(6) 对象：将二维或三维的二次或三次样条曲线拟合多段线转换成等效的样条曲线。

(7) 起点相切：指定在样条曲线起点的相切条件。

(8) 端点相切：指定在样条曲线终点的相切条件。

(9) 公差：指定样条曲线可以偏离指定拟合点的距离。公差值 0(零)要求生成的样条曲线直接通过拟合点。公差值适用于所有拟合点(拟合点的起点和终点除外),始终具有为

0(零)的公差。

样条曲线命令操作示意图如图 6.3 所示。

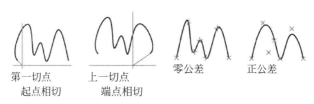

第一切点　　　上一切点　　　零公差　　　正公差
起点相切　　　端点相切

图 6.3　样条曲线命令操作示意图

6.1.4　样条曲线编辑命令(SPLINEDIT)

> **命令方式**
>
> 修改工具栏：$\mathcal{E}$
> 下拉菜单："修改"→"对象"→"样条曲线"命令
> 命令窗口：SPLINEDIT

用 SPLINE 命令绘制的样条曲线,要用 SPLINEDIT 命令进行编辑,修改样条曲线的参数或将样条拟合多段线转换为样条曲线。

命令操作及提示如下：

命令：_splinedit
选择样条曲线：
输入选项 [闭合(C)/合并(J)/拟合数据(F)/编辑顶点(E)/转换为多段线(P)/反转(R)/放弃(U)/退出(X)] <退出>: F
输入拟合数据选项
[添加(A)/闭合(C)/删除(D)/扭折(K)/移动(M)/清理(P)/切线(T)/公差(L)/退出(X)] <退出>: a
在样条曲线上指定现有拟合点 <退出>:

(1) 选择样条曲线：指定要修改的样条曲线。

(2) 合并：将选定的样条曲线与其他样条曲线、直线、多段线和圆弧在重合端点处合并,以形成一个较大的样条曲线。对象在连接点处使用扭折连接在一起。

(3) 拟合数据：使用下列选项编辑拟合点数据：

① 添加：将拟合点添加到样条曲线。

② 闭合/打开

闭合。通过定义与第一个点重合的最后一个点,闭合开放的样条曲线。默认情况下,闭合的样条曲线是周期性的,沿整个曲线保持曲率连续性。

打开。通过删除最初创建样条曲线时指定的第一个和最后一个点之间的最终曲线段,可打开闭合的样条曲线。

③ 清理：使用控制点替换样条曲线的拟合数据。

④ 切线：更改样条曲线的开始和结束切线。指定点以建立切线方向,可以使用对象捕捉,指定切线,在闭合点处指定新的切线方向(适用于闭合的样条曲线)。

⑤ 公差：使用新的公差值将样条曲线重新拟合至现有的拟合点。

样条曲线编辑命令操作示意图如图 6.4 所示。

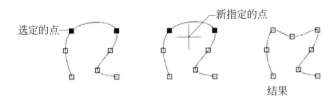

图 6.4 将拟合点添加到样条曲线示意

6.2 多边形网格

多边形网格是 AutoCAD 软件中的曲面表示。网格模型由使用多边形表示（包括三角形和四边形）来定义三维形状的顶点、边和面组成。与实体模型不同，网格没有质量特性。但是，与三维实体一样，也可以创建长方体、圆锥体和棱锥体等图元网格形状。

1. 创建网格对象

可以使用以下方法创建网格对象：

（1）创建网格图元。创建标准形状，例如长方体、圆锥体、圆柱体、棱锥体、球体、楔体和圆环体（MESH 命令）。

（2）从其他对象创建网格。创建直纹网格对象、平移网格对象、旋转网格对象或边界定义的网格对象，这些对象的边界内插在其他对象或点中（RULESURF、TABSURF、REVSURF 或 EDGESURF 命令）。

（3）从其他对象类型进行转换将现有实体或曲面模型（包括复合模型）转换为网格对象（MESHSMOOTH 命令）。

（4）创建自定义网格（传统项）。使用 3DMESH 命令可创建多边形网格，通常通过 AutoLISP 程序编写脚本，以创建开口网格。使用 PFACE 命令可创建具有多个顶点的网格，这些顶点是由指定的坐标定义的。尽管可以继续创建传统多边形网格和多面网格，但是建议用户将其转换为增强的网格对象类型，以保留增强的编辑功能。

多边形网格绘制菜单命令见图 6.5。

2. 创建多边形网格示例

（1）创建直纹网格示例如图 6.6 所示。

（2）创建平移网格示例如图 6.7 所示。

（3）创建旋转网格示例如图 6.8 所示。

REVSURF 命令可通过绕指定轴旋转轮廓来创建与旋转曲面近似的网格。轮廓可以包括直线、圆、圆弧、椭圆、椭圆弧、多段线、样条曲线、闭合多段线、多边形、闭合样条曲线和圆环。

（4）创建边界定义的网格示例如图 6.9 所示。

图 6.5　创建多边形网格模型菜单命令示意图

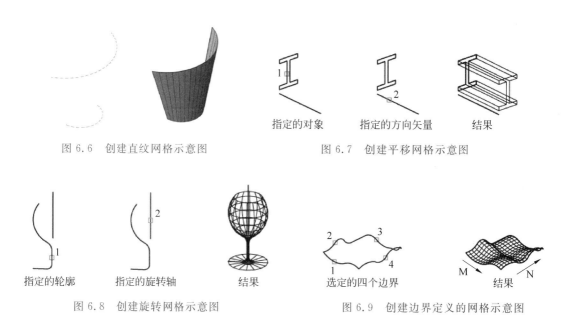

图 6.6　创建直纹网格示意图

图 6.7　创建平移网格示意图

图 6.8　创建旋转网格示意图

图 6.9　创建边界定义的网格示意图

6.3　三维实心体技术

在 AutoCAD 中,最基本的实体对象包括多段体、长方体、楔体、圆锥体、球体、圆柱体、圆环体及棱锥面,可以在"功能区"选项板中选择"常用"选项卡,在"建模"面板中单击相应的

按钮，或在快速访问工具栏中选择"显示菜单栏"命令，在弹出的菜单中选择菜单"绘图"→
"建模"子命令来建模，如图6.10所示。

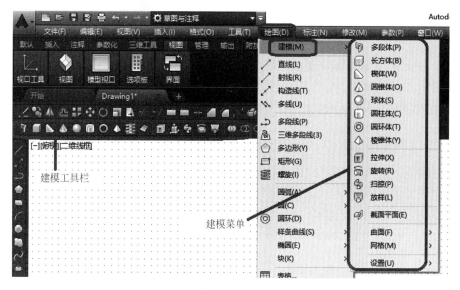

图6.10 建模菜单和建模工具栏示意图

6.3.1 创建三维实体长方体

> **命令方式**
>
> 绘图工具栏：🗔
> 下拉菜单："绘图"→"建模"→"长方体"命令
> 命令窗口：BOX

通过输入立方体的几何尺寸，建立实心立方体。
命令操作及提示如下：

```
命令：_box
指定第一个角点或[中心(C)]：
指定其他角点或[立方体(C)/长度(L)]：
指定高度或[两点(2P)]：
```

（1）第一个角点：通过设置第一个角点开始绘制长方体。

（2）其他角点：设置长方体底面的对角点和高度。

（3）立方体：创建一个长、宽、高相同的长方体。

（4）长度：按照指定长、宽、高创建长方体。长度与
X轴对应，宽度与Y轴对应，高度与Z轴对应。

（5）在Z轴方向上指定长方体的高度。可以为高度
输入正值或负值。

创建三维实体长方体的示例如图6.11所示。

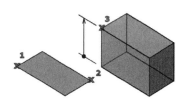

图6.11 创建三维实体长方体示意图

6.3.2 创建三维实体圆锥体

命令方式

绘图工具栏：

下拉菜单："绘图"→"建模"→"圆锥体"命令

命令窗口：CONE

创建一个三维实体，该实体以圆或椭圆为底面，以对称方式形成锥体表面，最后交于一点，或交于一个圆或椭圆平面。可以通过 FACETRES 系统变量控制着色或隐藏视觉样式的三维曲线式实体(例如圆锥体)的平滑度。

命令操作及提示如下：

命令：_cone
指定底面的中心点或 [三点(3P)/两点(2P)/切点、切点、半径(T)/椭圆(E)]：
指定底面半径或 [直径(D)]：
需要数值距离、第二点或选项关键字。

(1) 底面的中心点：使用指定的圆心创建圆锥体的底面。

(2) 三点(3P)：通过指定 3 个点来定义圆锥体的底面周长和底面。

(3) 两点(2P)：通过指定两个点来定义圆锥体的底面直径。

(4) 切点、切点、半径：定义具有指定半径，且与两个对象相切的圆锥体底面。

(5) 椭圆：指定圆锥体的椭圆底面。

- 两点：指定圆锥体的高度为两个指定点之间的距离。
- 轴端点：指定圆锥体轴的端点位置。轴端点是圆锥体的顶点或圆锥体平截面顶面的中心点("顶面半径"选项)。轴端点可以位于三维空间的任意位置。轴端点定义了圆锥体的长度和方向。
- 顶面半径：指定创建圆锥体平截面时圆锥体的顶面半径。

(6) 直径：指定圆锥体的底面直径。

执行绘图任务时，直径的默认值始终是先前输入的任意实体图元的直径值。

创建三维实体圆锥体的示例如图 6.12 所示。

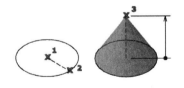

图 6.12 创建三维实体圆锥体示意图

6.3.3 创建三维实体圆柱体

命令方式

绘图工具栏：

下拉菜单："绘图"→"建模"→"圆柱体"命令

命令窗口：CYLINDER

建立实心圆柱体，输入圆柱体底面的尺寸及圆柱体的高度，即可定义一个精确的圆柱体。

命令操作及提示如下：

命令：_cylinder
指定底面的中心点或［三点(3P)/两点(2P)/切点、切点、半径(T)/椭圆(E)］：
指定底面半径或［直径(D)］<3.9237>：
指定高度或［两点(2P)/轴端点(A)］<7.3857>：

执行绘图任务时，底面半径的默认值始终是先前输入的底面半径值。

（1）三点(3P)：通过指定 3 个点来定义圆柱体的底面周长和底面。

（2）两点(2P)：通过指定两个点来定义圆柱体的底面直径。

（3）切点、切点、半径：定义具有指定半径，且与两个对象相切的圆柱体底面。

（4）椭圆：指定圆柱体的椭圆底面。

（5）两点：指定圆柱体的高度为两个指定点之间的距离。

（6）轴端点：指定圆柱体轴的端点位置。此端点是圆柱体的顶面圆心。轴端点可以位于三维空间的任意位置。轴端点定义了圆柱体的长度和方向。

创建三维实体圆柱体的示例如图 6.13 所示。

在图例中，使用圆心 1、半径上的一点 2 和表示高度的一点 3 创建圆柱体。圆柱体的底面始终位于与工作平面平行的平面上。

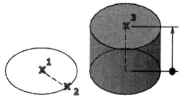

图 6.13　创建三维实体圆柱体示意图

6.3.4　创建多段体

命令方式

绘图工具栏：

下拉菜单："绘图"→"建模"→"多段体"命令

命令窗口：POLYSOLID

多段体的绘制方法与二维平面绘图中的多段线的绘制方法相同，只是在绘制多段体时，需要指定它的高度、厚度和对正方式。

命令操作及提示如下：

命令：_Polysolid 高度 = 4.0000, 宽度 = 0.2500, 对正 = 居中
指定起点或［对象(O)/高度(H)/宽度(W)/对正(J)］<对象>：
指定下一个点或［圆弧(A)/放弃(U)］：
指定下一个点或［圆弧(A)/放弃(U)］：
指定下一个点或［圆弧(A)/闭合(C)/放弃(U)］：

（1）起点：指定多段体线段的起点。

（2）对象：指定要转换为三维实体的二维对象。

（3）高度：指定多段体线段的高度(PSOLHEIGHT 系统变量)。

（4）宽度：指定多段体线段的宽度(PSOLWIDTH 系统变量)。

（5）对正：指定多段体的宽度放置的位置：在多段体轮廓的中心、左侧或右侧，或定义

二维对象。

(6) 下一个点：指定多段体轮廓的下一个点。

(7) 圆弧：将圆弧段添加到多段体轮廓中。圆弧的默认起始方向与上一线段相切。可以使用“方向”选项指定不同的起始方向。

图 6.14　创建三维多段体示意图

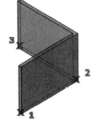

(8) 关闭：通过从多段体的最后一点指定到起点创建直线段或圆弧段来闭合多段体。必须至少指定 3 个点才能使用该选项。

(9) 放弃：删除最近一次添加到多段体的线段。

创建三维多段体的示例如图 6.14 所示。

可以使用 POLYSOLID 命令创建三维实体，方法与创建多段线一样。PSOLWIDTH 系统变量设置三维实体的默认宽度。PSOLHEIGHT 系统变量设置默认高度。也可以将现有二维对象(例如直线、二维多段线、圆弧和圆)转换为具有默认高度、宽度和对正的三维实体。

6.3.5　创建棱锥体

命令方式

绘图工具栏：

下拉菜单：“绘图”→“建模”→“棱锥体”命令

命令窗口：PYRAMID

命令操作及提示如下：

```
命令: _pyramid
指定底面的中心点或 [边(E)/侧面(S)]:
指定底面半径或 [内接(I)] <3.5972>:
指定高度或 [两点(2P)/轴端点(A)/顶面半径(T)] <3.5972>:
```

(1) 底面的中心点：设定棱锥体底面的中心点。

(2) 边：设定棱锥体底面一条边的长度，如指定了两点，表明各边的长度一样。

(3) 侧面：设定棱锥体的侧面数。输入 3～32 的正值。

(4) 内接：指定棱锥体的底面是内接的，还是绘制在底面半径内。

(5) 外切：指定外切于或在外部绘制棱锥体底面半径的棱锥体。

(6) 两点(高度)：指定棱锥体的高度为两个指定点之间的距离。

(7) 轴端点：指定棱锥体轴的端点位置，该端点是棱锥体的顶点。轴端点可以位于三维空间的任意位置，轴端点定义了棱锥体的长度和方向。

(8) 顶面半径：指定创建棱锥体平截面时棱锥体的顶面半径。执行绘图任务时，顶面半径的默认值始终是先前输入的任意实体图元的顶面半径值。

创建棱锥体的示例如图 6.15 所示。

默认情况下，使用基点的中心、边的中点和可确定高度的另一个点来定义棱锥体，如图 6.15 所示。

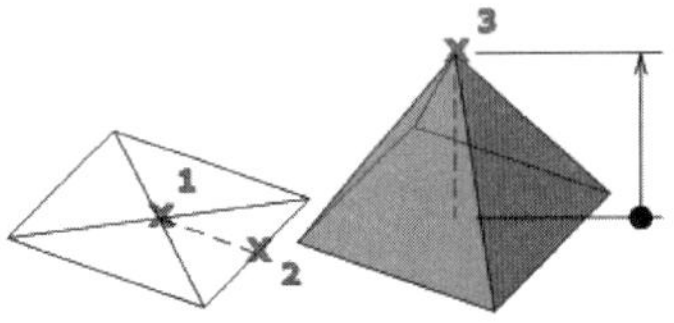

图 6.15　创建棱锥体示意图

6.3.6　创建三维实心球体

绘图工具栏：⬤

下拉菜单："绘图"→"建模"→"球体"命令

命令窗口：SPHERE

建立实心球体,输入球心位置尺寸及球的半径或直径值,即可精确定义球体。球体是由网格架描述的,其中心线与当前 UCS 的 Z 坐标轴方向平行、纬线与当前 UCS 的 XY 面相平行、经线与该平面相垂直。

命令操作及提示如下：

命令：_sphere
指定中心点或 [三点(3P)/两点(2P)/切点、切点、半径(T)]：
指定半径或 [直径(D)] <3.1090>：

（1）圆心：指定球体的圆心。指定圆心后,将放置球体以使其中心轴与当前用户坐标系(UCS)的 Z 轴平行,纬线与 XY 平面平行。

（2）半径：定义球体的半径。

（3）直径：定义球体的直径。

（4）三点(3P)：通过在三维空间的任意位置指定 3 个点来定义球体的圆周。3 个指定点也可以定义圆周平面。

（5）两点(2P)：通过在三维空间的任意位置指定两个点来定义球体的圆周。第一点的 Z 值定义圆周所在平面。

（6）切点、切点、半径：通过指定半径定义可与两个对象相切的球体。指定的切点将投影到当前 UCS。

创建三维实心球体的示例如图 6.16 所示。

圆心

半径　　　直径

图 6.16　创建三维实体球体示意图

6.3.7　创建圆环形三维实体

绘图工具栏：◎

下拉菜单："绘图"→"建模"→"圆环体"命令

命令窗口：TORUS

建立实心圆环体,输入实心圆环体的中心点位置及圆环体半径或者直径及圆管的半径或直径,即可精确定义圆环体。

命令操作及提示如下:

命令: _torus
指定中心点或 [三点(3P)/两点(2P)/切点、切点、半径(T)]:
指定半径或 [直径(D)] < 3.3012 >:
指定圆管半径或 [两点(2P)/直径(D)] < 0.0431 >:

(1)圆心:指定圆环体的中心点。指定圆心后,将放置圆环体以使其中心轴与当前用户坐标系(UCS)的 Z 轴平行。

(2)三点(3P):用指定的 3 个点定义圆环体的圆周。3 个指定点也可以定义圆周平面。

(3)两点(2P):用指定的两个点定义圆环体的圆周。第一点的 Z 值定义圆周所在平面。

(4)切点、切点、半径:使用指定半径定义可与两个对象相切的圆环体。指定的切点将投影到当前 UCS。

(5)半径:圆环体的半径(从圆环体中心到圆管中心的距离)。

(6)半径:定义圆管半径。

(7)直径:定义圆管直径。

创建圆环形三维实体的示例如图 6.17 所示。

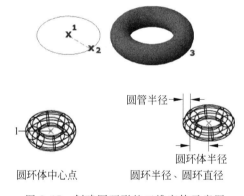

图 6.17　创建圆环形的三维实体示意图

定圆环体的圆心、半径或直径以及围绕圆环体的圆管的半径或直径创建圆环体。可以通过 FACETRES 系统变量控制着色或隐藏视觉样式的曲线式三维实体(例如圆环体)的平滑度。

6.3.8　创建三维实体楔体

命令方式

绘图工具栏:

下拉菜单:"绘图"→"建模"→"楔体"命令

命令窗口:WEDGE

建立实心楔体,输入楔体底面几何尺寸及楔形体的高度值,即可精确定义实心楔体。
命令操作及提示如下:

命令:_wedge
指定第一个角点或〔中心(C)〕:
指定其他角点或〔立方体(C)/长度(L)〕:
指定高度或〔两点(2P)〕<6.8862>:

(1)第一角点:设定楔体底面的第一个角点。
(2)另一角点:设定楔体底面的对角点,位于 XY 平面上。
(3)中心点:使用指定的中心点创建楔体。
(4)立方体:创建等边楔体。
(5)长度:按照指定长宽高创建楔体。长度与 X 轴对应,宽度与 Y 轴对应,高度与 Z 轴
对应。
(6)高度:设定楔体的高度。输入正值将沿当前 UCS 的 Z 轴正方向绘制高度。输入
负值将沿 Z 轴负方向绘制高度。
(7)两点(高度):通过指定两点之间的距离定义楔体的高度。
创建楔体的示例如图 6.18 所示。

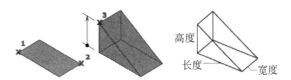

图 6.18　创建楔体示意图

6.4　从二维几何图形或其他三维对象创建三维实体

可通过对二维几何图形进行拉伸、扫掠、放样和旋转来构造曲面和三维实体。也可以从
二维几何图形或其他三维对象创建三维实体。例如,也可以通过在三维空间中沿指定路径
拉伸二维形状来获取三维实体,如图 6.19 所示。

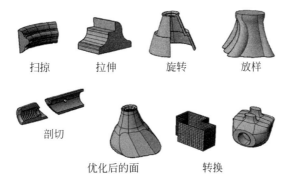

图 6.19　从二维几何图形或其他三维对象创建三维实体示意图

6.4.1 拉伸

绘图工具栏: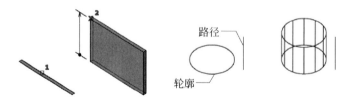

下拉菜单:"绘图"→"建模"→"拉伸"命令

命令窗口: EXTRUDE

可按指定方向或沿选定的路径,从源对象所在的平面以正交方式拉伸对象。也可以指定倾斜角。

命令操作及提示如下:

命令: _extrude

当前线框密度: ISOLINES=4,闭合轮廓创建模式 = 实体

选择要拉伸的对象或[模式(MO)]: _MO 闭合轮廓创建模式[实体(SO)/曲面(SU)]<实体>: _SO

选择要拉伸的对象或[模式(MO)]: 找到 1 个

选择要拉伸的对象或[模式(MO)]:

指定拉伸的高度或[方向(D)/路径(P)/倾斜角(T)/表达式(E)]<2.8947>:

(1)要拉伸的对象:指定要拉伸的对象。

(2)模式:控制拉伸对象是实体还是曲面。

(3)拉伸高度:沿正或负 Z 轴拉伸选定对象。方向基于创建对象时的 UCS,或(对于多个选择)基于最近创建的对象的原始 UCS。

(4)方向:用两个指定点指定拉伸的长度和方向。(方向不能与拉伸创建的扫掠曲线所在的平面平行。)

(5)路径:指定基于选定对象的拉伸路径。路径将移动到轮廓的质心,然后沿选定路径拉伸选定对象的轮廓以创建实体或曲面。

(6)倾斜角:指定拉伸的倾斜角。正角度表示从基准对象逐渐变细地拉伸,而负角度则表示从基准对象逐渐变粗地拉伸。默认角度 0 表示在与二维对象所在平面垂直的方向上进行拉伸。所有选定的对象和环都将倾斜到相同的角度。

拉伸方式创建三维实体的示例如图 6.20 和图 6.21 所示。

图 6.20 拉伸创建三维实体示意图

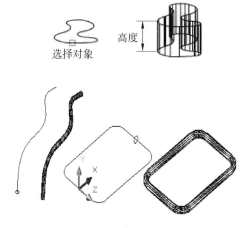

图 6.21　拉伸创建三维实体示意图

6.4.2　旋转

命令方式

绘图工具栏：🖼
下拉菜单："绘图"→"建模"→"旋转"命令
命令窗口：REVOLVE

旋转建立实心体的方法可以生成一个旋转的实心体，该方法要求先画出一个二维图。
命令操作及提示如下：

命令：_revolve
当前线框密度：ISOLINES = 4,闭合轮廓创建模式 = 实体
选择要旋转的对象或 [模式(MO)]：_MO 闭合轮廓创建模式 [实体(SO)/曲面(SU)] <实体>：_SO
选择要旋转的对象或 [模式(MO)]：找到 1 个
选择要旋转的对象或 [模式(MO)]：
指定轴起点或根据以下选项之一定义轴 [对象(O)/X/Y/Z] <对象>：
指定轴端点：
指定旋转角度或 [起点角度(ST)/反转(R)/表达式(EX)] <360>：

（1）要旋转的对象：指定要绕某个轴旋转的对象。

（2）模式：控制旋转动作是创建实体还是曲面。会将曲面延伸为 NURBS 曲面或程序曲面,具体取决于 SURFACEMODELINGMODE 系统变量。

（3）轴起点：指定旋转轴的第一个点。轴的正方向从第一点指向第二点。

（4）轴端点：设定旋转轴的端点。

（5）起点角度：为从旋转对象所在平面开始的旋转指定偏移。可以拖动光标以指定和预览对象的起点角度。

（6）旋转角度：指定选定对象绕轴旋转的角度,正角度将按逆时针方向旋转对象,负角度将按顺时针方向旋转对象,还可以拖动光标以指定和预览旋转角度。

（7）对象：指定要用作轴的现有对象。轴的正方向从该对象的最近端点指向最远端点。

（8）X(轴)：将当前 UCS 的 X 轴正向设定为轴的正方向。

（9）Y(轴)：将当前 UCS 的 Y 轴正向设定为轴的正方向。

（10）Z(轴)：将当前 UCS 的 Z 轴正向设定为轴的正方向。

旋转方式建立实心体的示例如图 6.22 所示。

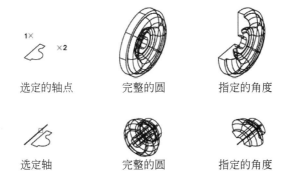

| 选定的轴点 | 完整的圆 | 指定的角度 |
| 选定轴 | 完整的圆 | 指定的角度 |

图 6.22　旋转创建三维实体示意图

6.4.3　扫掠

命令方式

绘图工具栏：

下拉菜单："绘图"→"建模"→"扫掠"命令

命令窗口：SWEEP

通过沿开放或闭合路径扫掠二维对象或子对象来创建三维实体或三维曲面开口对象可以创建三维曲面，而封闭区域的对象可以设置为创建三维实体或三维曲面。

命令操作及提示如下：

```
命令：_sweep
当前线框密度：ISOLINES = 4,闭合轮廓创建模式 = 实体
选择要扫掠的对象或 [模式(MO)]：_MO 闭合轮廓创建模式 [实体(SO)/曲面(SU)]<实体>：_SO
选择要扫掠的对象或 [模式(MO)]：找到 1 个
选择要扫掠的对象或 [模式(MO)]：
选择扫掠路径或 [对齐(A)/基点(B)/比例(S)/扭曲(T)]：
```

（1）创建扫掠实体或曲面时，可以使用表 6.1 所示的对象和路径。

（2）通过绕轴扫掠对象创建三维实体或曲面。

- 开放轮廓可创建曲面，闭合轮廓则可创建实体或曲面。
- "模式"选项控制是否创建曲面实体。
- 创建曲面时，SURFACEMODELINGMODE 系统变量控制是创建程序曲面还是 NURBS 曲面。

（3）要扫掠的对象：指定要用作扫掠截面轮廓的对象。

（4）扫掠路径：基于选择的对象指定扫掠路径。

表 6.1 创建扫掠实体或曲面时的对象和路径

可以扫掠的对象	可以用作扫掠路径的对象
二维和三维样条曲线	二维和三维样条曲线
二维多段线	二维和三维多段线
二维实体	实体、曲面和网格边子对象
三维实体面子对象	螺旋
圆弧	圆弧
圆	圆
椭圆	椭圆
椭圆弧	椭圆弧
直线	直线

（5）模式：控制扫掠动作是创建实体还是创建曲面。会将曲面扫掠为 NURBS 曲面或程序曲面，具体取决于 SURFACEMODELINGMODE 系统变量。

（6）对齐：指定是否对齐轮廓以使其作为扫掠路径切向的法向。如果轮廓与路径起点的切向不垂直（法线未指向路径起点的切向），则轮廓将自动对齐。出现对齐提示时输入 No 可避免该情况的发生。

（7）基点：指定要扫掠对象的基点。

（8）比例：指定比例因子以进行扫掠操作。从扫掠路径的开始到结束，比例因子将统一应用到扫掠的对象。

（9）扭曲：设置正被扫掠的对象的扭曲角度。扭曲角度指定沿扫掠路径全部长度的旋转量。

（10）倾斜：指定将扫掠的曲线是否沿三维扫掠路径（三维多段线、样条曲线或螺旋）自然倾斜（旋转）。

【例 4.1】 如图 6.23 所示。扫掠拉伸对象时，扫掠选项可以指定模式（设定扫掠是创建曲面还是实体）。如果轮廓与扫掠路径不在同一平面上，须指定轮廓与扫掠路径对齐的方式。

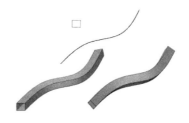

【例 4.2】 如图 6.24 所示。扫掠拉伸对象时，在轮廓上指定基点，以便沿轮廓进行扫掠。指定从开始扫掠到结束扫掠将更改对象大小的值。输入数学表达式可以控制对象缩放。

图 6.23 扫掠创建三维实体示意图 1

【例 4.3】 如图 6.25 所示。通过输入扭曲角度，对象可以沿轮廓长度进行旋转。输入数学表达式可以控制对象的扭曲角度。

图 6.24 扫掠创建三维实体示意图 2

图 6.25 扫掠创建三维实体示意图 3

6.4.4 放样

在若干横截面之间的空间中创建三维实体或曲面。

命令操作及提示如下：

```
命令：_loft
当前线框密度：ISOLINES = 4,闭合轮廓创建模式 = 实体
按放样次序选择横截面或 [点(PO)/合并多条边(J)/模式(MO)]：_MO 闭合轮廓创建模式 [实体(SO)/
曲面(SU)] <实体>：_SO
按放样次序选择横截面或 [点(PO)/合并多条边(J)/模式(MO)]：找到 1 个
按放样次序选择横截面或 [点(PO)/合并多条边(J)/模式(MO)]：找到 1 个,总计 2 个
按放样次序选择横截面或 [点(PO)/合并多条边(J)/模式(MO)]：
选中了 2 个横截面
输入选项 [导向(G)/路径(P)/仅横截面(C)/设置(S)] <仅横截面>：
```

（1）按放样次序选择横截面：按曲面或实体将通过曲线的次序指定开放或闭合曲线。

（2）点：指定放样操作的第一个点或最后一个点。如果以"点"选项开始,接下来必须选择闭合曲线。

（3）合并多条边：将多个端点相交的边处理为一个横截面。

（4）模式：控制放样对象是实体还是曲面。

（5）连续性：仅当 LOFTNORMALS 系统变量设定为1(平滑拟合)时,此选项才显示。指定在曲面相交的位置连续性为 G0、G1 还是 G2。

（6）凸度幅值：仅当 LOFTNORMALS 系统变量设定为1(平滑拟合)时,此选项才显示。为其连续性是 G1 或 G2 的对象指定凸度幅值。

（7）导向：指定控制放样实体或曲面形状的导向曲线。使用导向曲线来控制点如何匹配相应的横截面以防止出现不希望看到的效果(例如,结果实体或曲面中的皱褶)。

（8）路径：指定放样实体或曲面的单一路径。路径曲线必须与横截面的所有平面相交。

（9）仅横截面：在不使用导向或路径的情况下,创建放样对象。

（10）设置：显示"放样设置"对话框。

放样创建三维实体或曲面示例：

（1）通过指定一系列横截面来创建三维实体或曲面。横截面定义了结果实体或曲面的形状。必须至少指定两个横截面,如图 6.26 所示。

（2）放样横截面可以是开放或闭合的平面或非平面,也可以是边。开放的横截面创建曲面,闭合的横截面创建实体或曲面(具体取决于指定的模式),如图 6.27 所示。

（3）使用导向曲线来控制点匹配相应的横截面,如图 6.28 所示。

（4）按路径放样示例,如图 6.29 所示。

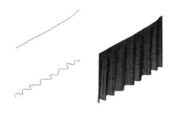

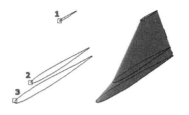

图 6.26 放样创建三维实体示意图 1 　　　　　图 6.27 放样创建三维实体示意图 2

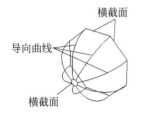

(a) 带有导向曲线的横截面　　(b) 放样实体

图 6.28 放样创建三维实体示意图 3

(a) 带有路径曲线的横截面　　(b) 放样实体

图 6.29 放样创建三维实体示意图 4

6.4.5 剖切

> **命令方式**
>
> 绘图工具栏：
> 下拉菜单："修改"→"三维操作"→"剖切"命令
> 命令窗口：SLICE

剖切处理可以将指定的实心体一分为二，其处理方式是使用定义的一个剖切面横切实心体，让该剖切面将指定的实心体分成两部分。通过剖切或分割现有对象，创建新的三维实体和曲面。

命令操作及提示如下：

命令：_slice
选择要剖切的对象：找到 1 个
选择要剖切的对象：
指定切面的起点或 [平面对象(O)/曲面(S)/z 轴(Z)/视图(V)/xy(XY)/yz(YZ)/zx(ZX)/三点(3)] <三点>：
指定平面上的第二个点：
在所需的侧面上指定点或 [保留两个侧面(B)] <保留两个侧面>：

（1）选择要剖切的对象：指定要剖切的三维实体或曲面对象。如果选择网格对象，则可以先将其转换为实体或曲面，然后再完成剖切操作。

（2）指定剖切平面的起点：设置用于定义剖切平面方向的两个点中的第一点。

- 平面对象：将剪切平面与包含以下选定对象的平面对齐：圆、椭圆、圆弧、椭圆弧、二维样条曲线、二维多段线或平面三维多段线。选择圆、椭圆、圆弧、二维样条曲线或二维多段线。指定用于定义剪切平面的平面对象。也可以选择平面三维多段线对象。

- 曲面：将剪切平面与选定的曲面对齐。选择曲面,指定剪切曲面。
- Z轴：通过平面上指定一点和在平面的 Z 轴(法向)上指定另一点来定义剪切平面。
- 视图：将剪切平面与当前视口的视图平面平行对齐。指定一点定义剪切平面的位置。指定当前视图平面中的点,设置要开始剖切的对象上的点。
- XY：将剪切平面与当前 UCS 的 XY 平面对齐,指定一个点以定义剪切平面的位置(XY 平面上的点),将剪切平面与 UCS 的 XY 平面平行对齐,并使其通过指定点。
- YZ：将剪切平面与当前 UCS 的 XY 平面对齐,指定一个点以定义剪切平面的位置(YZ 平面上的点),将剪切平面与 UCS 的 YZ 平面平行对齐,并使其通过指定点。
- XZ：将剪切平面与当前 UCS 的 XZ 平面对齐,指定一个点以定义剪切平面的位置(XZ 平面上的点),将剪切平面与 UCS 的 XZ 平面平行对齐,并使其通过指定点。

(3) 指定平面上的第二个点。在剖切平面上设置两个点中的第二点。如果第二个点不位于 UCS 的 XY 平面,它将投影到该平面上。

(4) 在需要保留的侧面上指定一个点。

【例 4.4】 剖切操作示例。

(1) 用三点定义剪切平面,如图 6.30 所示。

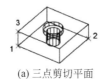

(a) 三点剪切平面　　　　　　(b) 剖切的对象

图 6.30　剖切创建三维实体示意图

(2) 使用一个点来确定要保留剖切对象的哪个侧面,在需要保留的侧面上指定一个点,该点不能位于剪切平面上,如图 6.31 所示。

(3) 保留两个侧面,剖切对象的两侧均保留,如图 6.32 所示。

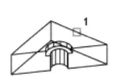 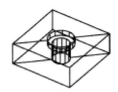

图 6.31　剖切创建三维实体示意图　　　图 6.32　剖切创建三维实体示意图

6.5　创建复合对象

在 AutoCAD 软件中,可以对三维基本实体通过并集、差集、交集等布尔运算,来创建复合三维对象。创建复合对象在菜单"修改"→"实体编辑"中选择命令,如图 6.33 所示。

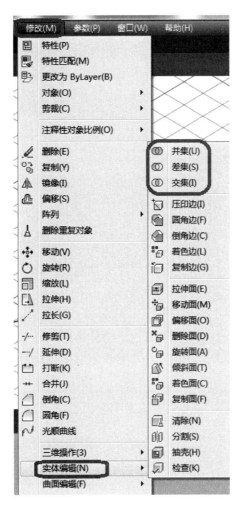

图 6.33 创建复合对象菜单命令示意图

6.5.1 并集

命令方式

修改工具栏：⑩

下拉菜单："修改"→"实体编辑"→"并集"命令

命令窗口：UNION

并集运算将建立一个合成实心体与合成面域。合成实心体通过计算两个或更多现有的实心体的总体积来建立。合成面域通过计算两个或更多现有面域的总面积来建立。

Union 命令适用于实体和面域。选择两个或更多相同类型的对象进行合并。选择集可以包含位于任意多个不同平面中的对象，如图 6.34 所示。

并集操作示例如图 6.35 所示。

使用UNION
之前的实体

使用UNION
之后的实体

图 6.34　并集操作示意图

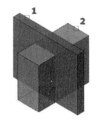

图 6.35　并集操作示意图

6.5.2　差集

命令方式

修改工具栏：◑

下拉菜单："修改"→"实体编辑"→"差集"命令

命令窗口：SUBTRACT

使用 SUBTRACT 命令可以通过从另一个重叠集中减去现有的三维实体集来创建三维实体。可以通过从另一个重叠集中减去现有的面域对象集来创建二维面域对象。

命令操作及提示如下：

命令：_subtract 选择要从中减去的实体、曲面和面域…
选择对象：找到 1 个
选择对象：
选择要减去的实体、曲面和面域…
选择对象：找到 1 个
选择对象：

(1) 选择对象(从中减去)：指定要通过差集修改的三维实体、曲面或面域。

(2) 选择对象(减去)：指定要从中减去的三维实体、曲面或面域。

差集操作的示例如图 6.36 所示。

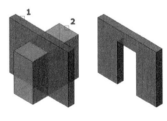

要从中减去
对象的实体

要减去的实体

使用SUBTRACT
后的实体

图 6.36　差集操作示意图

（1）从第一个选择集中的对象减去第二个选择集中的对象,再创建一个新的三维实体或曲面。

（2）当减去面域时,从第一个选择集中的对象减去第二个选择集中的对象,并创建一个新的面域,如图 6.37 所示。

要从中减去面积　　要减去的面域　　使用SUBTRACT
的面域　　　　　　　　　　　　　后的面域

图 6.37　差集操作示意图

6.5.3　交集

命令方式

> 修改工具栏：⬭
> 下拉菜单：“修改”→“实体编辑”→“交集”命令
> 命令窗口：INTERSECT

使用 INTERSECT 命令,可以从两个或两个以上现有三维实体、曲面或面域的公共体积创建三维实体。

交集操作的示意图如图 6.38 所示。

使用INTERSECT　　　　　使用INTERSECT
之前的面域　　　　　　　之后的面域

图 6.38　交集操作示意图

6.5.4　创建复合对象示例

复合实体是使用 UNION、SUBTRACT 或 INTERSECT 任意命令从两个或两个以上实体、曲面或面域中创建的。

1. 合并两个或两个以上对象

使用 UNION 命令,可以合并两个或两个以上对象的总体积或总面积,如图 6.39 所示。

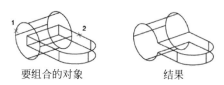

要组合的对象　　　　　　结果

图 6.39　合并两个或两个以上对象示意图

2. 从一组实体中减去另一组实体

使用 SUBTRACT 命令可以从一组对象中删除与另一组对象的公共部分或区域。例如,可以使用 SUBTRACT 命令从对象中减去圆柱体,从而在机械零件中创建孔,如图 6.40 所示。

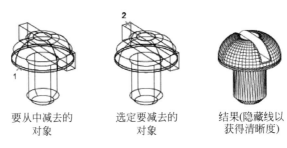

要从中减去的　　　选定要减去的　　　结果(隐藏线以
　对象　　　　　　　对象　　　　　　获得清晰度)

图 6.40　从一组实体中减去另一组实体示意图

习　题　6

1. AutoCAD 软件中有哪几种三维模型?
2. 绘制三维多段线时有哪些注意事项?
3. 如何通过二维图形创建实体?
4. 绘制三维网格图形有哪些方法?
5. 如何对三维基本实体进行并集、差集、交集操作?
6. 是否可以删除实体的一个面? 如果可以,如何操作?

第7章 AutoCAD 三维图设计应用实践案例

7.1 案例 1：绘制如图 7.1 所示的实体

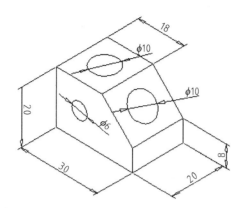

图 7.1 在用户坐标系下绘图案例 1

1. 知识点提示

(1) 练习用户坐标系的建立方法；

(2) 掌握基本绘图命令和对象捕捉、对象追踪的应用；

(3) 掌握长方体命令操作；

(4) 掌握实体倒角、删除面命令。

三维案例 1 操作演示

2. 绘图分析

AutoCAD 的大多数 2D 命令只能在当前坐标系的 XY 平面或与 XY 平面平行的平面中执行，如果用户要在空间的某一面使用 2D 命令，则应沿该平面位置创建新的 UCS。因此，在三维建模过程中，需要不断调整当前坐标系。

3. 具体绘图步骤

步骤 1：绘制长方体(长 30，宽 20，高 20)如图 7.2 所示。

调用"长方体"命令的方式：

命令方式

绘图工具栏：▱

下拉菜单："绘图"→"建模"→"长方体"命令

命令窗口：BOX

AutoCAD 提示：

指定长方体的角点或 [中心点(CE)] <0,0,0>:在屏幕上任意点单击

指定角点或 [立方体(C)/长度(L)]:L ↙   //选择给定长宽高模式

指定长度：30 ↙

指定宽度：20 ✓

指定高度：20 ✓

步骤2：倒角(如图7.3所示)。

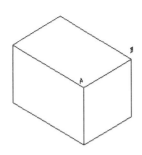

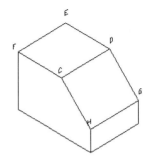

图7.2　绘制长方体　　　　　　　　　　图7.3　长方体倒角

用于二维图形的倒角、圆角编辑命令在三维图中仍然可用。

调用"倒角"命令的方式：

命令方式

修改工具栏：⬜

下拉菜单："修改"→"倒角"命令

命令窗口：CHAMFER(或CHA)

AutoCAD 提示：

命令：_chamfer
("修剪"模式) 当前倒角距离 1 = 0.0000,距离 2 = 0.0000
选择第一条直线或 [多段线(P)/距离(D)/角度(A)/修剪(T)/方式(M)/多个(U)]:在 AB 直线上单击
基面选择…
输入曲面选择选项 [下一个(N)/当前(OK)] <当前>: ✓　　　　　　　//选择默认值
指定基面的倒角距离：12 ✓
指定其他曲面的倒角距离 <12.0000>: ✓　　　　　　　　　　//选择默认值 12
选择边或 [环(L)]:在 AB 直线上单击

步骤3：移动坐标系,绘制上表面圆。

因为 AutoCAD 只可以在 XY 平面上画图,要绘制上表面上的图形,则需要建立用户坐标系。由于世界坐标系的 XY 面与 CDEF 面平行,且 X 轴、Y 轴又分别与四边形 CDEF 的边平行,因此只要把世界坐标系移到 CDEF 面上即可。移动坐标系,只改变坐标原点的位置,不改变 X、Y 轴的方向,如图7.4(a)所示。

(1) 移动坐标系。

在命令窗口输入命令 UCS,也可直接调用"移动坐标系"命令。

AutoCAD 提示：

命令：UCS
当前 UCS 名称：＊世界＊
输入选项 [新建(N)/移动(M)/正交(G)/上一个(P)/恢复(R)/保存(S)/删除(D)/应用(A)/?/世界(W)]

<世界>: M↙   //选择移动选项
指定新原点或 [Z 向深度(Z)] <0,0,0>: <对象捕捉 开>选择 F 点单击

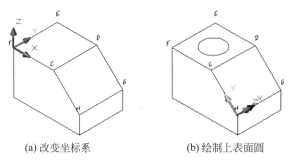

(a) 改变坐标系   (b) 绘制上表面圆

图 7.4 坐标系的改变及上表面圆的绘制

(2) 绘制表面圆。

单击"对象追踪"和"对象捕捉"按钮,打开对应的功能。调用绘制圆命令,捕捉上表面的中心点,以 5 为半径绘制上表面的圆。结果如图 7.4(b)所示。

步骤 4:三点法建立坐标系,绘制斜面上圆。

(1) 三点法建立用户坐标系。命令窗口输入命令 UCS。

AutoCAD 提示:

命令: UCS
当前 UCS 名称: * 没有名称 *
输入选项 [新建(N)/移动(M)/正交(G)/上一个(P)/恢复(R)/保存(S)/删除(D)/应用(A)/?/世界(W)]
<世界>: N↙   //新建坐标系
指定新 UCS 的原点或[Z 轴(ZA)/三点(3)/对象(OB)/面(F)/视图(V)/X/Y/Z] <0,0,0>: 3↙
                  //选择三点方式
指定新原点 <0,0,0>:在 H 点上单击
在正 X 轴范围上指定点 <50.9844, −27.3562,12.7279>:在 G 点单击
在 UCS XY 平面的正 Y 轴范围上指定点 <49.9844, −26.3562,12.7279>:在 C 点单击

(2) 绘制圆。方法同步骤 3,结果如图 7.4(b)所示。

步骤 5:以所选实体表面建立 UCS,在侧面上画圆。

(1) 选择实体表面建立 UCS。调用用户坐标系命令,在命令窗口输入 UCS。

AutoCAD 提示:

命令: ucs
当前 UCS 名称: * 世界 *
输入选项 [新建(N)/移动(M)/正交(G)/上一个(P)/恢复(R)/保存(S)/删除(D)/应用(A)/?/世界(W)]
<世界>: N↙
指定 UCS 的原点或[Z 轴(ZA)/三点(3)/对象(OB)/面(F)/视图(V)/X/Y/
Z]<0,0,0>:F↙
选择实体对象的面:在侧面上接近底边处拾取实体表面
输入选项 [下一个(N)/X 轴反向(X)/Y 轴反向(Y)] <接受>:↙
  //接受图示结果

结果如图 7.5 所示。

(2) 绘制圆。方法同上步,完成如图 7.1 所示的图形。

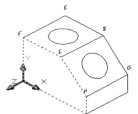

图 7.5 绘制侧面上圆

7.2 案例 2：绘制如图 7.6 所示的实体

1．知识点提示

（1）理解视图概念，掌握在创建三维模型时，视图的应用方法；

（2）理解和掌握用旋转命令创建实体操作的方法。

绘图分析：

可以通过绕轴旋转二维对象来创建三维实体或曲面。捕捉两个端点指定旋转轴时，旋转轴方向从先捕捉点指向后捕捉点。选择已知直线为旋转轴时，旋转轴的方向从直线距离坐标原点较近的一端指向较远的一端。

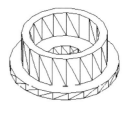

图 7.6 旋转实体

2．具体绘图步骤

步骤 1：画回转截面。

（1）新建一张图，视图方向调整到主视图方向（如图 7.7 所示）。

（2）调用"多段线"命令，绘制图 7.8(a)所示的封闭图形；再绘制辅助线 AC 和 BD，如图 7.8(b)所示。

主视图
工具按钮

图 7.7 "视图"工具栏

(a) 封闭图形 　　 (b) 绘制辅助线

图 7.8 绘制截面

步骤 2：旋转生成实体。

调用"旋转"命令的方式：

> **命令方式**
>
> 绘图工具栏：🗇
>
> 下拉菜单："绘图"→"建模"→"旋转"命令
>
> 命令窗口：REVOLVE

AutoCAD 提示：

```
命令: _revolve
当前线框密度: ISOLINES = 4
选择对象:选择封闭线框 找到 1 个
选择对象:↙                        //结束选择
指定旋转轴的起点或
定义轴依照 [对象(O)/X 轴(X)/Y 轴(Y)]:选择端点 C    //按定义轴旋转
指定轴端点:选择端点 D
```

三维案例 2 操作演示

指定旋转角度<360>:↙   //接受默认,按360°旋转。

步骤3:将辅助线 AC、BD 删除。

结果如图7.9所示。

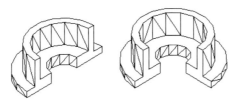

图7.9 180°和270°旋转

7.3 案例3:绘制如图7.10所示的实体

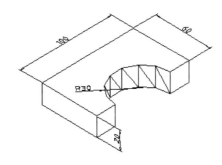

图7.10 拱形体

1. 知识点提示

(1)理解和掌握用拉伸命令创建实体操作的方法;

(2)理解面域概念;

(3)理解布尔运算。

三维案例3操作演示

2. 绘图分析

(1)可以通过拉伸二维对象来创建三维实体或曲面。拉伸对象被称为断面,在创建实体时,断面可以是任何二维封闭多段线、圆、椭圆、封闭样条曲线和面域。

(2)在 AutoCAD 中,封闭的二维图形即可创建为面域,并且当图形的边界比较复杂时,通过面域间布尔运算可以高效地完成各种造型。

(3)面域是具有一定边界的二维闭合区域,它是一个面对象,其内部可以包含孔特征。虽然从外观来说,面域和一般的封闭线框没有区别,但实际上面域就像是一张没有厚度的纸,除了包括边界外,还包括边界内的平面。

(4)创建面域的条件是必须保证二维平面内各个对象间首尾连接成封闭图形。

3. 具体绘图步骤示意

步骤1:画端面图形。

(1)调用矩形命令,绘制长方形,长100,宽60。

（2）调用圆命令，绘制直径为 60 的圆。

（3）将视图方向调整到"西南等轴测"方向，如图 7.11 所示。

（4）创建面域。

调用"面域"命令的方式：

命令方式

绘图工具栏： ⬚

下拉菜单："绘图"→"面域"命令

命令窗口：REGION

AutoCAD 提示：

选择对象：选择长方形和圆 找到 2 个
选择对象：↙   //结束选择
已提取 2 个环。
已创建 2 个面域。

（5）布尔运算。

单击"实体编辑工具栏"中的差集运算命令按钮，用长方形面域减去圆形面域，结果如图 7.12 所示。

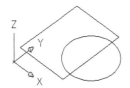 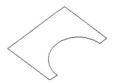

图 7.11　绘制长方形和圆　　　　　　　　图 7.12　面域计算

步骤 2：拉伸面域。

调用"拉伸"命令的方式：

命令方式

绘图工具栏： ⬚

下拉菜单："绘图"→"建模"→"拉伸"命令

命令窗口：EXTRUDE

AutoCAD 提示：

命令：_extrude
当前线框密度：ISOLINES = 4
选择对象：在面域线框上单击 找到 1 个
选择对象：↙
指定拉伸高度或 [路径(P)]：20 ↙
指定拉伸的倾斜角度 < 0 >：↙

完成图形如图 7.10 所示。

7.4　案例4：绘制如图7.13所示的工字钢实体模型

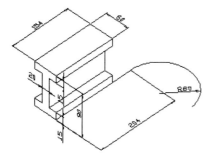 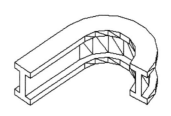

(a) 通过拉伸绘制工字钢　　　　　　(b) 工字钢绘制结果

图7.13　绘制工字钢

1. 知识点提示

(1) 理解和掌握实体编辑命令，用拉伸面命令创建实体操作的方法；

(2) 理解"绘图"→"建模"中的拉伸与"修改"→"实体编辑"→"拉伸面"的不同含义。

2. 绘图分析

(1) 创建图7.13(a)中的工字钢，可通过二维多段线"拉伸"完成；

(2) 创建图7.13(b)中的工字钢，可通过"实体编辑"→"拉伸面"完成。

三维案例4操作演示

3. 具体绘图步骤

步骤1：创建如图7.13(a)所示的实体。

(1) 新建一张图纸，调整到主视图方向；

(2) 调用"多段线"命令，按图示尺寸绘制"工"字形封闭二维多段线；

(3) 视图方向调至西南等轴测方向；

(4) 用面域命令创建"工"字形断面；

(5) 创建如图7.13(a)所示实体。

调用"拉伸"命令的方式：

命令方式

绘图工具栏：⬛

下拉菜单："绘图"→"建模"→"拉伸"命令

命令窗口：EXTRUDE

步骤2：拉伸面。

(1) 绘制拉伸路径。

- 调整到俯视图方向将坐标系的 XY 平面调整到底面上，坐标轴方向与工字钢棱线平行。

- 调用"绘图工具栏"→"多段线"命令，绘制拉伸路径线，如图7.14所示。

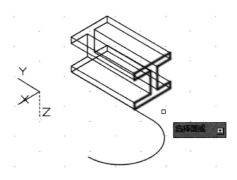

图 7.14　选择实体面拉伸面示意图

(2) 拉伸面。

调用"拉伸面"命令的方式：

> **命令方式**
>
> 实体编辑工具栏：🔳
> 下拉菜单："修改"→"实体编辑"→"拉伸面"命令
> 命令窗口：SOLIDEDIT

AutoCAD 提示：

命令: _solidedit
实体编辑自动检查: SOLIDCHECK = 1
输入实体编辑选项 [面(F)/边(E)/体(B)/放弃(U)/退出(X)] <退出>: _face
输入面编辑选项
[拉伸(E)/移动(M)/旋转(R)/偏移(O)/倾斜(T)/删除(D)/复制(C)/着色(L)/放弃(U)/退出(X)] <退出>: _extrude
选择面或 [放弃(U)/删除(R)]:**选择工字型实体右端面** 找到一个面
选择面或 [放弃(U)/删除(R)/全部(ALL)]: ↙
指定拉伸高度或 [路径(P)]: p ↙
选择拉伸路径:**在路径线上单击**
已开始实体校验
已完成实体校验

结果如图 7.13(b)所示。

7.5　案例 5：绘制如图 7.15 所示的物体

1. 知识点提示

(1) 建立用户坐标系；

(2) 掌握用标准视点和用三维动态观察器旋转方法观察模型；

(3) 掌握使用圆角命令、布尔运算等编辑三维实体的方法。

2. 绘图分析

在 AutoCAD 中，使用三维操作命令和实体编辑命令，可以创建复杂的实体。其中，对三维对象求"差集"就可以从一些实体中去掉部分

图 7.15　骰子

实体,从而得到一个全新的实体。

3. 具体绘图步骤示意

步骤1：绘制正方体。

(1)新建两个图层,如图7.16和表7.1所示。

图 7.16　设置图层示意图

表　7.1

层　名	颜　色	线　型	线　宽
实体层	白色	Continues	默认
辅助层	黄色	Continues	默认

(2)单击"视图"工具栏"西南等轴测"按钮,将视点设置为西南方向。

(3)绘制正方体。

单击"实体"工具栏上的"长方体"按钮,调用"长方体"命令。

AutoCAD 提示：

命令：_box
指定长方体的角点或 [中心点(CE)] <0,0,0>:在屏幕上任意一点单击
指定角点或 [立方体(C)/长度(L)]: C ↙　　　　　//绘制立方体
指定长度: 20 ↙

三维案例 5 操作演示

结果如图 7.17 所示。

步骤2：挖上表面的一个球面坑。

(1)移动坐标系到上表面。

(2)绘制球。调用球命令的方式：

> **命令方式**
>
> 绘图工具栏：⬤
>
> 下拉菜单："绘图"→"建模"→"球体"命令
>
> 命令窗口：SPHERE

AutoCAD 提示：

命令：_sphere
当前线框密度：ISOLINES = 4　　　　//说明当前轮廓素线网格线数为4
指定球体球心 <0,0,0>:利用双向追踪捕捉上表面的中心
指定球体半径或 [直径(D)]:5 ↙

结果如图 7.18 所示。

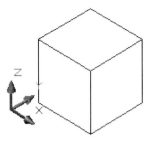

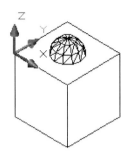

图 7.17　立力体　　　　　　　　　　　　图 7.18　绘制球

（3）布尔运算。

差集运算：通过减操作从一个实体中去掉另一些实体得到一个实体。

调用"差集"命令的方法：

命令方式

修改工具栏：

下拉菜单："修改"→"实体编辑"→"差集"命令

命令窗口：SUBTRACT

AutoCAD 提示：

命令：_subtract 选择要从中减去的实体或面域…
选择对象:**在立方体上单击**　找到 1 个
选择对象:✓　　　　　　　　　　//结束被减去实体的选择
选择要减去的实体或面域 ..
选择对象:**在球体上单击**　找到 1 个
选择对象:✓　　　　　　　　　　//结束差运算

结果如图 7.19 所示。

步骤 3：在左侧面上挖两个点的球面坑。

（1）旋转 UCS。调用 UCS 命令。

AutoCAD 提示：

命令：_ucs
当前 UCS 名称：＊没有名称＊
输入选项
[新建(N)/移动(M)/正交(G)/上一个(P)/恢复(R)/保存(S)/删除(D)/应用
(A)/?/世界(W)]
<世界>: N ✓
指定新 UCS 的原点或[Z 轴(ZA)/三点(3)/对象(OB)/面(F)/视图(V)/X/Y/Z] <0,0,0>: X✓
指定绕 X 轴的旋转角度 <90>:✓

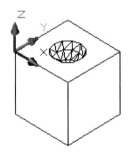

图 7.19　挖坑

（2）确定球心点。

① 在"草图设置"对话框中选择"端点"和"节点"捕捉,并打开"对象捕捉"。

② 选择辅助层,调用"直线"命令,绘制连接对角线。

③ 运行"绘图"菜单下的"点""定数等分"命令,将辅助线段 3 等分。

结果如图 7.20(a)所示。

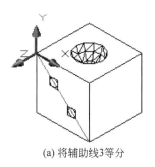
(a) 将辅助线3等分

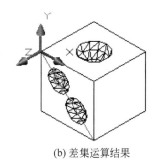
(b) 差集运算结果

图 7.20　挖两点坑

(3) 绘制球。捕捉辅助线上的节点为球心,以 4 为半径绘制两个球。

(4) 差集运算。调用"差集"命令,以立方体为被减去的实体,两个球为减去的实体,进行差集运算,结果如图 7.20(b)所示。

以同样的方法绘制前表面上的 3 点坑,如图 7.21 所示。

步骤 4:绘制底面上 6 个点的球面坑。

(1) 将立方体的下表面转到上面全部可见位置。单击"三维动态观察器"工具栏上的"三维动态观察"按钮 ,激活三维动态观察器视图,屏幕上出现弧线圈,将光标移至弧线圈内,出现球形光标,向上拖动鼠标,使立方体的下表面转到上面全部可见位置。按 Esc 键或按 Enter 键退出,或在右键快捷菜单中选择"退出"命令退出,如图 7.22 所示。

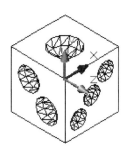

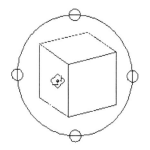

图 7.21　绘制 3 点坑　　　　　　图 7.22　三维动态观察

(2) 建立用户坐标系,将上表面作为 XY 平面,绘制作图辅助线,定出 6 个球心点,再绘制 6 个半径为 3 的球。

(3) 进行布尔运算,结果如图 7.23 所示。

步骤 5:用同样的方法,调整好视点,控制另两面上的 4 点坑和 5 点坑。结果如图 7.24 所示。

步骤 6:各棱线圆角。

(1) 倒上表面圆角。单击"编辑"工具栏上的"圆角"按钮,调用"圆角"命令。

AutoCAD 提示:

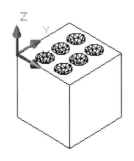

图 7.23　挖六点坑

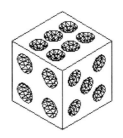

图 7.24　挖坑完成

命令: _fillet
当前设置: 模式 = 修剪,半径 = 6.0000
选择第一个对象或 [多段线(P)/半径(R)/修剪(T)/多个(U)]:**选择上表面一条棱线**
输入圆角半径<6.0000>: 2✓
选择边或 [链(C)/半径(R)]:**选择上表面另三条棱线**
选择边或 [链(C)/半径(R)]:✓
已选定 4 个边用于圆角.

结果如图 7.25 所示。

(2) 倒下表面圆角。单击"三维动态观察器"工具栏上的"三维动态观察"按钮,调整视图方向,使立方体的下表面转到上面 4 条棱线全可见位置。然后调用圆角命令,选择 4 根棱线,倒下表面的圆角,结果如图 7.26 所示。

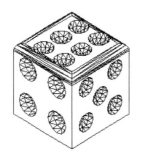

图 7.25　长方体圆角(上表面)

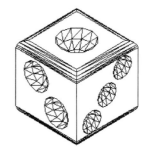

图 7.26　长方体圆角(下表面)

(3) 再次调用圆角命令,同时启用"三维动态观察"功能,选择侧面的 4 条棱线,以半径为 2 倒圆角。

(4) 删除辅助线层上的所有辅助线和辅助点,结果如图 7.5 所示。

注意:这里倒圆角时不可以为 12 条棱线一次性倒圆角,因为 AutoCAD 内部要为圆角计算,会发生运算错误,导致圆角失败。

步骤 7:观察图形。

打开视图菜单下的消隐模式,分别单击"视图"工具栏上的各按钮,以不同方向观察图形的变化。

7.6 案例 6：绘制如图 7.27(b)所示的垫块实体

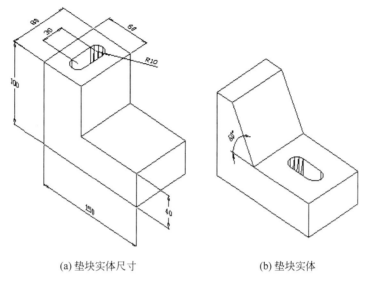

(a) 垫块实体尺寸　　　　　　　　　(b) 垫块实体

图 7.27　绘制垫块实体示意图

1. 知识点提示

(1) 理解和掌握建立用户坐标系(UCS),创建三维模型；

(2) 理解和掌握视图概念及布尔运算概念；

(3) 理解和掌握移动面、旋转面、倾斜面命令的使用。

三维案例 6 操作演示

2. 绘图分析

在 AutoCAD 中,可以在"实体编辑"面板中单击相关按钮,对实体面进行拉伸、移动、偏移、删除、旋转、倾斜、着色和复制等操作。

3. 具体绘图步骤

步骤 1：绘制原图形。

(1) 创建 L 形实体块。

① 建立一张新图,调整到主视图方向；

② 用"多段线"命令按尺寸绘制 L 形的二维线框；

③ 用"面域"命令创建 L 形的端面；

④ 调用"拉伸"命令创建实体；

⑤ 在 L 形实体块上表面创建 UCS；

⑥ 捕捉棱边中点绘制辅助线 AB,如图 7.28(a)所示。

(2) 创建腰圆形立体。

① 在俯视图方向按尺寸绘制腰圆形二维线框；

② 把腰圆形生成面域,创建腰圆形断面；

③ 腰圆形断面拉伸成实体,并在其上表面绘制辅助线 CD,如图 7.28(b)所示。

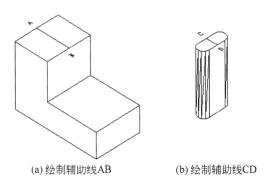

(a) 绘制辅助线AB   (b) 绘制辅助线CD

图 7.28　创建原图形

(3) 布尔运算。

- 移动：选择腰圆形立体，以 CD 的中点为基点移动到 AB 的中点处。
- 做差集：用 L 形实体减去腰圆形实体。

原图形绘制完成，结果如图 7.27(a)所示。

步骤 2：移动面。

调用"移动面"命令的方式：

命令方式

实体编辑工具栏：🔲

下拉菜单："修改"→"实体编辑"→"移动面"命令

AutoCAD 提示：

命令：**_solidedit**
实体编辑自动检查：SOLIDCHECK = 1
输入实体编辑选项 [面(F)/边(E)/体(B)/放弃(U)/退出(X)] <退出>：_face
输入面编辑选项[拉伸(E)/移动(M)/旋转(R)/偏移(O)/倾斜(T)/删除(D)/复制(C)/着色(L)/放弃(U)/退出(X)] <退出>：_move
选择面或 [放弃(U)/删除(R)]：**在孔边缘线上单击** 找到 1 个面。
选择面或 [放弃(U)/删除(R)/全部(ALL)]：**在孔边缘线上单击** 找到 2 个面。
选择面或 [放弃(U)/删除(R)/全部(ALL)]：**在孔边缘线上单击** 找到 2 个面。
选择面或 [放弃(U)/删除(R)/全部(ALL)]：**在孔边缘线上单击** 找到 2 个面。
选择面或 [放弃(U)/删除(R)/全部(ALL)]：↙　//结束选择
选择面或 [放弃(U)/删除(R)/全部(ALL)]：R↙
删除面或 [放弃(U)/添加(A)/全部(ALL)]：**选择多选择的表面** 找到 1 个面，已删除 1 个。
删除面或 [放弃(U)/添加(A)/全部(ALL)]：↙　　//当只剩下要移动的内孔面时，结束选择，如
　　　　　　　　　　　　　　　　　　　　　　//图 7.29 所示

指定基点或位移：**选择 CD 的中点**
指定位移的第二点：**选择 EF 的中点**
已开始实体校验。

在操作"移动面"命令时，多选择的面如图 7.29 所示。

结果如图 7.30 所示。

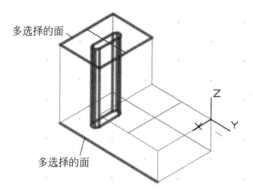

图 7.29   移动面时多选择的面需要删除

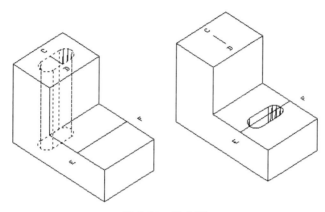

图 7.30   移动面

步骤 3：旋转面。

调用"旋转面"命令的方式：

命令方式

实体编辑工具栏：

下拉菜单："修改"→"实体编辑"→"旋转面"命令

结果如图 7.31 所示。

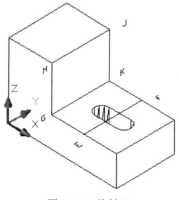

图 7.31   旋转面

步骤 4：倾斜面。

调用"倾斜面"命令的方式：

命令方式

实体编辑工具栏：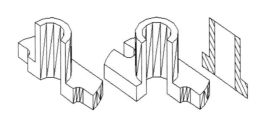

下拉菜单："修改"→"实体编辑"→"倾斜面"命令

AutoCAD 提示：

命令：_solidedit
实体编辑自动检查：SOLIDCHECK = 1
输入实体编辑选项 [面(F)/边(E)/体(B)/放弃(U)/退出(X)] <退出>：_face
输入面编辑选项[拉伸(E)/移动(M)/旋转(R)/偏移(O)/倾斜(T)/删除(D)/复制(C)/着色(L)/放弃(U)/退出(X)] <退出>：_rotate
选择面或 [放弃(U)/删除(R)]：**选择内孔表面** 找到 2 个面。
…
删除面或 [放弃(U)/添加(A)/全部(ALL)]：✓   //同上步一样选择全部内孔表面,当只剩下要移动
                                              //的内孔面时,结束选择
指定轴点或 [经过对象的轴(A)/视图(V)/X 轴(X)/Y 轴(Y)/Z 轴(Z)] <两点>：Z ✓
指定旋转原点 <0,0,0>：**选择 EF 的中点**
指定旋转角度或 [参照(R)]：90✓
已开始实体校验。
已完成实体校验。

AutoCAD 提示：

命令：_solidedit
实体编辑自动检查：SOLIDCHECK = 1
输入实体编辑选项 [面(F)/边(E)/体(B)/放弃(U)/退出(X)] <退出>：_face
输入面编辑选项[拉伸(E)/移动(M)/旋转(R)/偏移(O)/倾斜(T)/删除(D)/复制(C)/着色(L)/放弃(U)/退出(X)] <退出>：_taper
选择面或 [放弃(U)/删除(R)]：**选择 GHJK 表面** 找到一个面。
选择面或 [放弃(U)/删除(R)/全部(ALL)]：✓   //结束选择
指定基点：**选择 G 点**
指定沿倾斜轴的另一个点：**选择 H 点**
指定倾斜角度：**30** ✓
已开始实体校验。
已完成实体校验。

最终结果如图 7.27(b)所示。

7.7 案例 7：绘制如图 7.32 所示的轴承座

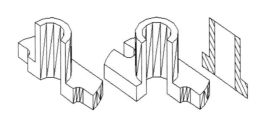

图 7.32 轴承座

1．知识点提示

（1）理解和掌握视图、拉伸、布尔运算；

（2）掌握剖切命令及切割命令的使用。

2．绘图分析

通过对三维实体拉伸、布尔运算和剖切命令、切割命令的使用完成复杂实体的建模。

3．具体绘图步骤

步骤 1：绘制底板实体。

（1）按图 7.33 所示尺寸绘制外形轮廓。

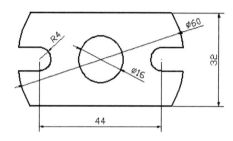

图 7.33　平面图形绘制

（2）创建面域。

① 调用"面域"命令。选择所有图形，生成两个面域。

② 调用"差集"命令，用外面的大面域减去中间圆孔面域，完成面域创建。

（3）拉伸面域。

单击实体工具栏"拉伸"按钮，调用"拉伸"命令。

AutoCAD 提示：

```
命令：_extrude
当前线框密度：ISOLINES = 4
选择对象：选择图形 找到 1 个
选择对象：↙
指定拉伸高度或 [路径(P)]：8 ↙
指定拉伸的倾斜角度 ＜0＞：↙
```

结果如图 7.34 所示。

三维案例 7 操作演示

步骤 2：创建圆筒。

（1）调用"圆"命令，绘制如图 7.35 所示的图形。

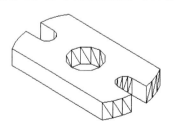

图 7.34　底板实体

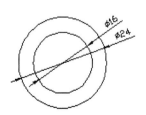

图 7.35　圆筒端面

155

（2）创建环形面域。

（3）拉伸实体。

调用"实体工具栏"上的"拉伸"命令,选择环形面域,以高度为 22,倾斜角度为 0°拉伸面域,生成圆筒,如图 7.36 所示。

步骤 3：合成实体。

（1）组装模型。

调用"移动"命令。

AutoCAD 提示：

命令：_move
选择对象：选择圆筒 找到 1 个
选择对象：↙   //结束选择
指定基点或位移：**选择圆筒下表面圆心**
指定位移的第二点或 <用第一点作位移>：**选择底板上表面圆孔圆心**

（2）并集运算。

① 选择"实体编辑"工具栏上的"并集"按钮,调用"并集"命令,选择两个实体,合成一个,如图 7.37 所示。

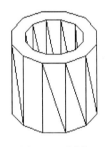

图 7.36　圆筒

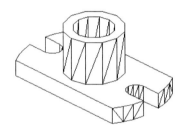

图 7.37　完整的实体

② 将创建的实体复制两份备用。

步骤 4：创建全剖实体模型。

调用剖切命令：

命令方式

绘图工具栏：

下拉菜单："修改"→"三维操作"→"剖切"命令

命令窗口：SLICE

AutoCAD 提示：

命令：_slice
选择对象：**选择实体模型** 找到 1 个
选择对象：↙
指定切面上的第一个点,依照 [对象(O)/Z 轴(Z)/视图(V)/XY 平面(XY)/YZ 平面(YZ)/ZX 平面(ZX)/三点(3)] <三点>：**选择左侧 U 形槽上圆心 A**
指定平面上的第二个点：**选择圆筒上表面圆心 B**

指定平面上的第三个点：**选择右侧 U 形槽上圆心 C**
在要保留的一侧指定点或［保留两侧(B)］：**在图形的右上方单击** 　//后侧保留

结果如图 7.32 所示。

步骤 5：创建半剖实体模型。

(1) 选择前面复制的完整轴座实体，重复剖切过程，当系统提示："**在要保留的一侧指定点或［保留两侧(B)］：**"时，选择 B 选项，则剖切的实体两侧全保留。结果如图 7.38 所示，虽然看似一个实体，但已经分成前后两部分，并且在两部分中间过 ABC 已经产生一个分界面。

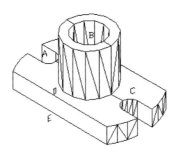

图 7.38　切割成两部分的实体

(2) 将前部分左右剖切。

再调用"剖切"命令。

AutoCAD 提示：

命令：_slice
选择对象：**选择前部分实体** 找到 1 个
选择对象：✓ 　　　　　　　//结束选择
指定切面上的第一个点，依照［对象(O)/Z 轴(Z)/视图(V)/XY 平面(XY)/YZ 平面(YZ)/ZX 平面(ZX)/三点(3)]＜三点＞：**选择圆筒上表面圆心 B**
指定平面上的第二个点：**选择底座边中心点 D**
指定平面上的第三个点：**选择底座边中心点 E**
在要保留的一侧指定点或［保留两侧(B)]：**在图形左上方单击**

结果如图 7.39 所示。

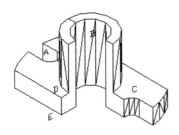

图 7.39　半剖的实体

(3) 合成。

调用"并集"运算命令，选择两部分实体，将剖切后得到的两部分合成一体，结果如图 7.32 所示。

7.8 实体建模综合练习：创建如图 7.40(b)所示实体模型

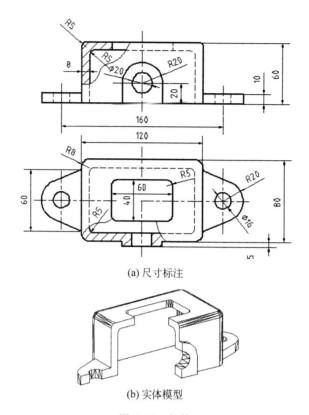

(a) 尺寸标注

(b) 实体模型

图 7.40 箱体

1. 知识点提示

通过绘制此图形,掌握创建复杂实体模型的方法。

2. 具体绘图步骤示意

步骤 1：新建一张图。

(1) 设置图形界限。

综合练习操作演示

(2) 新建图层,设置实体层和辅助线层。并将实体层设置为当前层。

(3) 将视图方向调整到西南等轴测方向。

步骤 2：创建长方体。

调用长方体命令,绘制长 120、宽 80、高 60 的长方体。

步骤 3：圆角。

调用"圆角"命令,以 8 为半径,对四条垂直棱边倒圆角,结果如图 7.41 所示。

步骤 4：创建内腔。

(1) 抽壳。

调用"抽壳"命令。

AutoCAD 提示：

命令: _solidedit
实体编辑自动检查: SOLIDCHECK = 1
输入实体编辑选项 [面(F)/边(E)/体(B)/放弃(U)/退出(X)] <退出>: _body
输入体编辑选项
[压印(I)/分割实体(P)/抽壳(S)/清除(L)/检查(C)/放弃(U)/退出(X)] <退出>: _shell
选择三维实体:在三维实体上单击
删除面或 [放弃(U)/添加(A)/全部(ALL)]:选择上表面 找到一个面,已删除 1 个。
删除面或 [放弃(U)/添加(A)/全部(ALL)]:↙
输入抽壳偏移距离: 8 ↙
已开始实体校验。
已完成实体校验。

结果如图 7.42 所示。

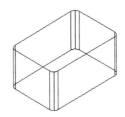

图 7.41 倒圆角长方体

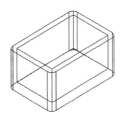

图 7.42 抽壳

(2) 倒圆内角。

单击"修改"工具栏上的"圆角"按钮,调用"圆角"命令,以 5 为半径,对内表面的 4 条垂直棱边倒圆角。

步骤 5:创建耳板。

(1) 绘制耳板端面。

① 将坐标系调至上表面,按图 7.40(a)尺寸绘制耳板端面二维图形;

② 将耳板端面图形生成面域;

③ 然后用外面的大面域减去圆形小面域,结果如图 7.43 所示。

(2) 拉伸耳板。

单击"实体"工具栏上的"拉伸"按钮,调用"拉伸"命令。

结果如图 7.44 所示。

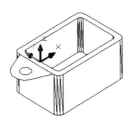

图 7.43 耳板端面

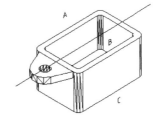

图 7.44 拉伸耳板

(3) 镜像另一侧耳板。

调用"三维镜像"命令。

AutoCAD 提示:

```
命令: _extrude
当前线框密度: ISOLINES = 4
选择对象:选择面域 找到 1 个
选择对象: ↙
指定拉伸高度或[路径(P)]: -10 ↙
指定拉伸的倾斜角度<0>: ↙

命令: _mirror3d
选择对象:选择耳板 找到 1 个
选择对象: ↙
指定镜像平面(三点)的第一个点或
  [对象(O)/最近的(L)/Z 轴(Z)/视图(V)/XY 平面(XY)/YZ 平面(YZ)/ZX
平面(ZX)/三点(3)]<三点>: 选择中点 A
在镜像平面上指定第二点: 选择中点 B
在镜像平面上指定第三点: 选择中点 C
是否删除源对象?[是(Y)/否(N)]<否>:N↙
```

结果如图 7.45 所示。

(4) 布尔运算。

调用"并集"命令,将两个耳板和一个壳体合并。

步骤 6:旋转。

调用"三维旋转"命令。

AutoCAD 提示:

```
命令: _rotate3d
当前正向角度: ANGDIR = 逆时针 ANGBASE = 0
选择对象:选择实体 找到 1 个
选择对象: ↙
指定轴上的第一个点或定义轴依据
[对象(O)/最近的(L)/视图(V)/X 轴(X)/Y 轴(Y)/Z 轴(Z)/两点(2)]:选择辅助线端点 E
指定轴上的第二点: 选择辅助线端点 F
指定旋转角度或[参照(R)]:180↙
```

结果如图 7.46 所示。

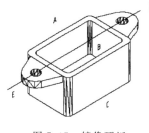

图 7.45　镜像耳板

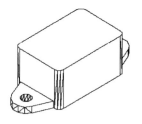

图 7.46　旋转箱体

步骤 7:创建箱体顶盖方孔。

(1) 绘制方孔轮廓线。

- 调用矩形命令,绘制长 60,宽 40,圆角半径为 5 的矩形;
- 用直线连接边的中点 MN,结果如图 7.47(a)所示。

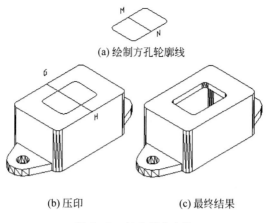

(a) 绘制方孔轮廓线

(b) 压印　　　　　　　　　(c) 最终结果

图 7.47　创建顶盖方孔

（2）移动矩形线框。

- 连接箱盖顶面长边棱线中点 G、H，绘制辅助线 GH。
- 再调用移动命令，以 MN 的中点为基点，移动矩形线框至箱盖顶面，目标点为 GH 的中点。

（3）压印。

调用"压印"命令。

AutoCAD 提示：

命令：_solidedit
实体编辑自动检查：SOLIDCHECK = 1
输入实体编辑选项 [面(F)/边(E)/体(B)/放弃(U)/退出(X)] <退出>：_body
输入体编辑选项
[压印(I)/分割实体(P)/抽壳(S)/清除(L)/检查(C)/放弃(U)/退出(X)] <退出>：_imprint
选择三维实体：**选择实体**
选择要压印的对象：**选择矩形线框**
是否删除源对象 [是(Y)/否(N)] < N >：**Y**↙

结果如图 7.47(b)所示。

（4）拉伸面。

调用"拉伸面"命令。

AutoCAD 提示：

命令：_solidedit
实体编辑自动检查：SOLIDCHECK = 1
输入实体编辑选项 [面(F)/边(E)/体(B)/放弃(U)/退出(X)] <退出>：_face
输入面编辑选项
[拉伸(E)/移动(M)/旋转(R)/偏移(O)/倾斜(T)/删除(D)/复制(C)/着色(L)/放弃(U)/退出(X)] <退出>：_extrude
选择面或 [放弃(U)/删除(R)]：**在压印面上单击** 找到一个面。
选择面或 [放弃(U)/删除(R)/全部(ALL)]：↙
指定拉伸高度或 [路径(P)]：**－8**↙
指定拉伸的倾斜角度 <0>：↙
已开始实体校验。

结果如图 7.47(c)所示。

步骤 8：创建前表面凸台。

(1) 按图 7.40(a)所示尺寸绘制凸台轮廓线。

- 变换用户坐标系。
- 按尺寸绘制凸台轮廓线。
- 创建面域，结果如图 7.48(a)所示。

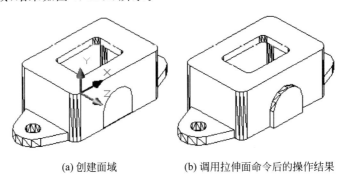

(a) 创建面域　　　　　(b) 调用拉伸面命令后的操作结果

图 7.48　创建凸台

(2) 拉伸面。

调用"拉伸面"命令，选择凸台轮面拉伸，高度为 5，拉伸的倾斜角度为 0°，结果如图 7.48(b)所示。

(3) 合并。

调用"并集"命令，合并凸台与箱体。

(4) 创建圆孔。

- 在凸台前表面上绘制直径为 20 的圆；
- 然后以 −13 的高度拉伸圆面；
- 用"差集"命令创建凸台通孔。

步骤 9：倒顶面圆角。

将视图方式调整到三维线框模式。

调用圆角命令。

AutoCAD 提示：

```
命令：_fillet
当前设置：模式 = 修剪,半径 = 5.0000
选择第一个对象或 [多段线(P)/半径(R)/修剪(T)/多个(U)]：选择上表面的一个棱边
输入圆角半径 <5.0000>：5 ↙
选择边或 [链(C)/半径(R)]：C ↙
选择边链或 [边(E)/半径(R)]：选择上表面的另一个棱边
选择边链或 [边(E)/半径(R)]：选择内表面的一个棱边        //如图 7.49(a)所示
选择边链或 [边(E)/半径(R)]：↙
已选定 16 个边用于圆角。
```

结果如图 7.49(b)所示。

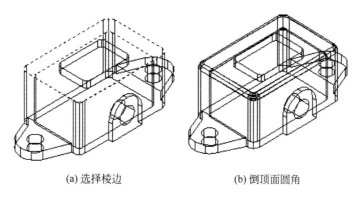

(a) 选择棱边   (b) 倒顶面圆角

图 7.49 倒圆角

步骤 10：剖切。

（1）剖切实体成前后两部分。

调用"剖切"命令。

AutoCAD 提示：

命令: _slice
选择对象: 找到 1 个
选择对象: ↙
指定切面上的第一个点,依照 [对象(O)/Z 轴(Z)/视图(V)/XY 平面(XY)/YZ 平面(YZ)/ZX 平面(ZX)/三点(3)] <三点>:**选择中点 A**
指定平面上的第二个点:**选择中点 B**
指定平面上的第三个点:**选择中点 C**
在要保留的一侧指定点或 [保留两侧(B)]: **B** ↙

结果如图 7.50(a)所示。

（2）剖切前半个实体。

调用"剖切"命令。

AutoCAD 提示：

命令: _slice
选择对象: **选择前半个箱体** 找到 1 个
选择对象: ↙
指定切面上的第一个点,依照 [对象(O)/Z 轴(Z)/视图(V)/XY 平面(XY)/YZ 平面(YZ)/ZX 平面(ZX)/三点(3)] <三点>:**选择中点 D**
指定平面上的第二个点: **选择中点 F**
指定平面上的第三个点: **选择中点 E**
在要保留的一侧指定点或 [保留两侧(B)]: **在右侧单击**

结果如图 7.50(b)所示。

（3）合并实体。

调用"并集"命令,将剖切后的实体合并,结果如图 7.40(b)所示。

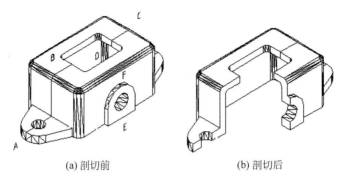

(a) 剖切前   (b) 剖切后

图 7.50   剖切

习   题   7

绘制如图 7.51～图 7.60 所示的三维图形。

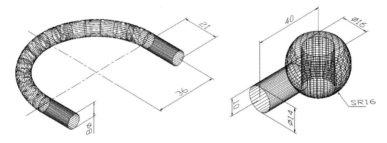

图 7.51   三维建模习题 1

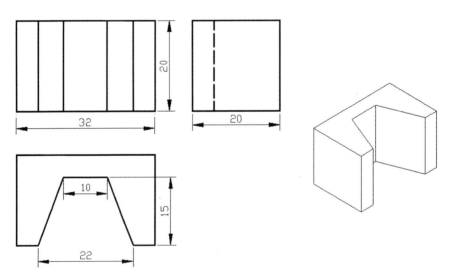

图 7.52   三维建模习题 2

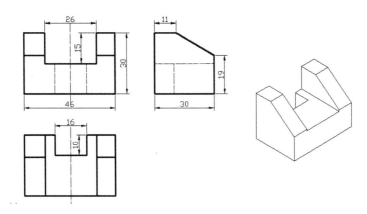

图 7.53　三维建模习题 3

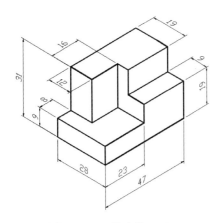

图 7.54　三维建模习题 4

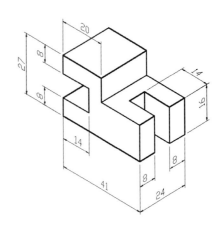

图 7.55　三维建模习题 5

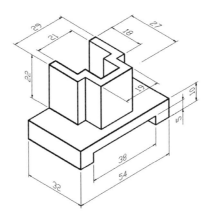

图 7.56　三维建模习题 6

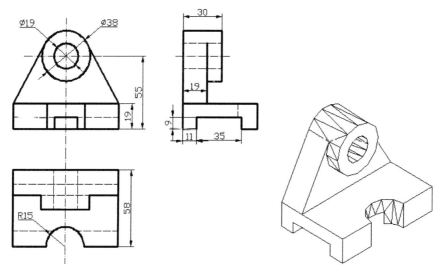

图 7.57　三维建模习题 7

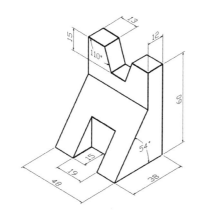

图 7.58　三维建模习题 8

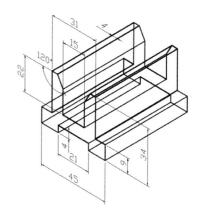

图 7.59　三维建模习题 9

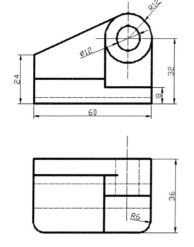

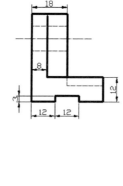

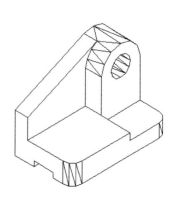

图 7.60　三维建模习题 10

参 考 文 献

［1］ 薛焱,李志忠.中文版 AutoCAD 2016 基础教程［M］.北京：清华大学出版社,2016.

［2］ 李启炎.计算机绘图（中级）——AutoCAD 2008 版三维建模与深入运用［M］.上海：同济大学出版社,2010.

［3］ 陈冠玲.电气 CAD 基础教程［M］.北京：清华大学出版社,2011.

［4］ Autodesk. https://www.autodesk.com.cn/.